趣说物理

——改变[illegible]工程师

刘行光 编著

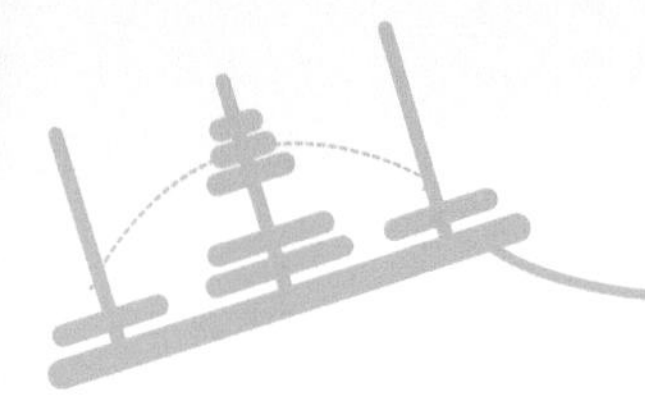

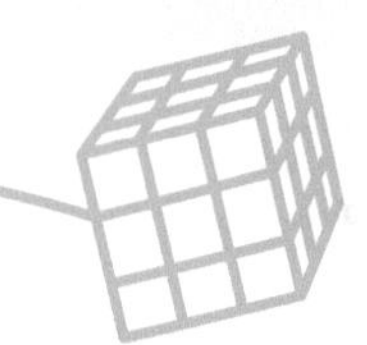

微波炉、钢笔、听诊器、高压锅、体温表……这些常见的物品蕴含着哪些神奇的原理？彩虹、回声、掉落的苹果……这些现象中又蕴含着怎样的奥秘？请来《趣说物理——改变世界的工程师》中看一看吧。这本书从一个又一个自然有趣的话题谈起，生动活泼地用物理学知识解释我们身边那些常见的现象和事物，按照物理学的发展过程，循序渐进地介绍了基本物理知识和学习物理的基本方法，引导孩子们主动学习、主动探究，从身边的事物、生活的经验、有趣的小实验着眼，观察物理现象、学习物理知识、探究物理的奥秘。书中每个小节后设置有“知识加油站”，将常用的物理定律、原理等内容列在其中，供读者拓展知识。

《趣说物理——改变世界的工程师》不仅适合小学高年级学生阅读，而且对初中各年级学生学好物理也很有帮助。

图书在版编目（CIP）数据

趣说物理：改变世界的工程师 / 刘行光编著 .—北京：化学工业出版社，2019.11（2023.8 重印）
（读故事学数理化系列）
ISBN 978-7-122-35130-2

Ⅰ. ①趣…　Ⅱ. ①刘…　Ⅲ. ①物理学 – 青少年读物
Ⅳ. ① O4-49

中国版本图书馆 CIP 数据核字（2019）第 191573 号

责任编辑：王清颢　张博文　赵媛媛　　美术编辑：尹琳琳
责任校对：王　静　　装帧设计：芊晨文化

出版发行：化学工业出版社（北京市东城区青年湖南街 13 号　邮政编码 100011）
印　　装：涿州市般润文化传播有限公司
710mm × 1000 mm　1/16　印张 11½　字数 166 千字　2023年 8月北京第 1 版第 2 次印刷

购书咨询：010-64518888　　售后服务：010-64518899
网　　址：http: // www.cip.com.cn
凡购买本书，如有缺损质量问题，本社销售中心负责调换。

定　价：49.80 元

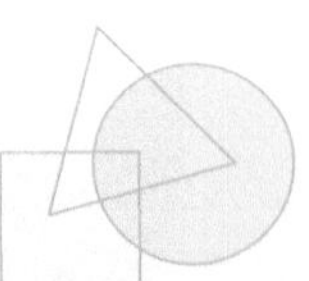

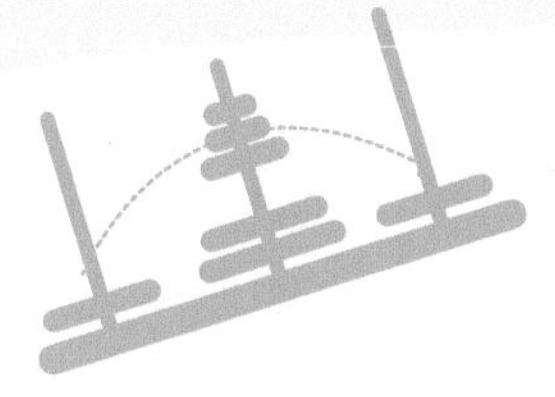

前　言

有的同学说：物理可真难学。难在哪里呢？概念多、容易混淆；听老师讲时似乎都明白，可是当自己动手解题的时候，却无从着手……

其实，物理是一门很有趣的自然科学，它无处不在，哪里有运动，那里就有物理现象。大到宇宙中的天体运动，小到基本粒子的相互作用，都遵循着一定的物理规律。这样说或许你还是觉得物理离你太远了，以身边的问题举例来说吧。

大部分朋友都吹过肥皂泡，轻轻一吹，一个个晶莹透亮、色彩斑斓的泡泡飞扬在空中。这些游戏在今天看起来是好玩而不足奇的，可是在三百多年以前，英国许多大名鼎鼎的物理学家都对肥皂泡的色彩着了迷，猜不透肥皂泡为什么色彩如此好看。最后牛顿在其他科学家的启发下，利用三棱镜发现了日光为红、橙、黄、绿、青、蓝、紫七色所组成，但并没有彻底解开肥皂泡色彩变幻多端之谜。牛顿去逝七十多年后，有位名叫托马斯·杨的年轻英国人，发现光是一种波动，有干涉现象，这才从科学上揭开了肥皂泡变色的谜底。自此以后，光学才得以蓬勃发展，人们利用这些新成果，制成了分光镜、质谱仪，发现了一大批新元素，探明了原子的结构，并一步一步地揭示物质世界的奥秘。

抽陀螺也是十分好玩的。用鞭子抽打在陀螺的“脚”上，随着噼噼啪啪的鞭声，陀螺高兴地跳着旋转急速的圆圈舞，轻盈、优美。若是不顺它的心，鞭子抽打在陀螺的“头”上，陀螺就会生气地翻着筋斗跑到远处躺倒不跳了。陀螺的这种古怪脾气，对人类有非常大的用途，航海、飞行、宇宙飞船等，有了它就不会迷失方向；转动着的机器若不装上一个特大的陀螺——飞轮，机器就会蹦蹦跳跳，难以工作；枪炮的弹头也是运用陀螺的这个脾气，使尖头总是指向前方，大大增加了弹头的威力。所以说，陀螺的“古怪”脾气被派上了大用场，它的这一特性就是物理学的重要内容之一——转动物体的定轴特性。

《趣说物理——改变世界的工程师》这本书通过七十多个物理领域中的有趣故事和奇妙现象来介绍物理知识，用以提高青少年读者对物理的兴趣，使他们能

从身边的事物、生活的经验、有趣的小实验着眼，观察物理现象、学习物理知识、探究物理的奥秘，并培养他们初步掌握解决物理疑难问题和学会思考问题的品格与能力。

本书参考了初中物理教科书等可靠资料，书中的举例说明和分析陈述力求通俗易懂又不失严谨，研究和论证讲究逻辑性和基本规范。引用的数据科学准确，史料翔实可靠，实验和演示具有很强的趣味性和可操作性。本书不仅适合小学高年级学生阅读，而且对初中各年级学生学好物理也很有帮助。

希望《趣说物理——改变世界的工程师》这本小书，能够激发孩子们探究物理的好奇心和学习物理的兴趣，帮助孩子们及早打开学习物理的大门，为今后的学习和发展铺路搭桥。

刘行光

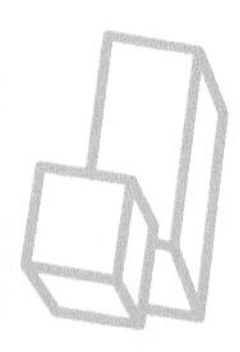
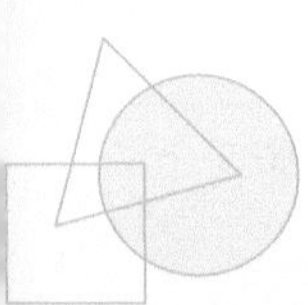

目 录

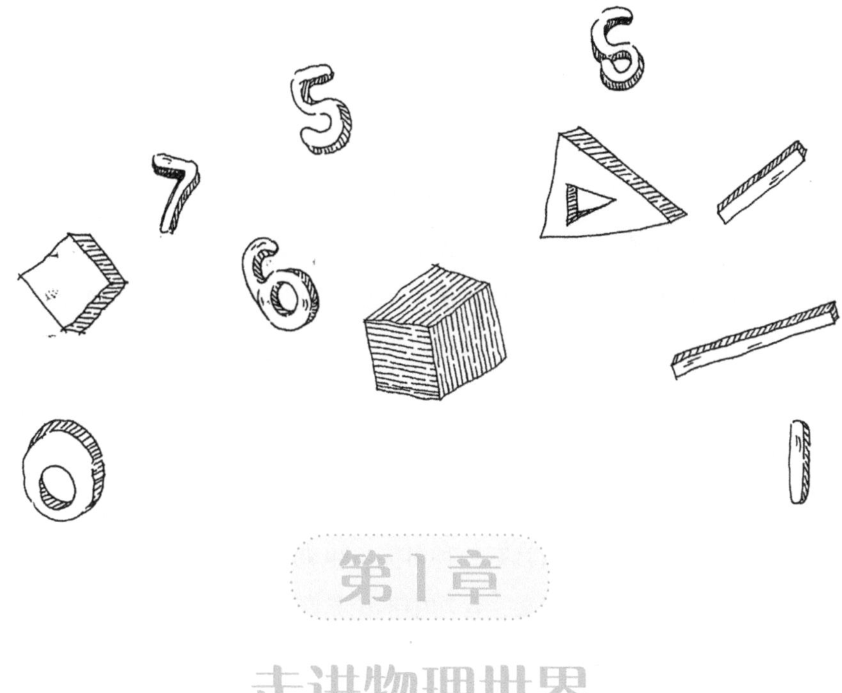

第1章

走进物理世界

你知道什么是物理吗？你是不是认为只有拿到了物理课本才能学习物理，才会与“物理学”打交道？看到物理学中那么多的概念、定义、公式、原理等，你会觉得物理非常深奥难懂吗？其实，物理学是一切自然科学中最基本、最广泛的学科。物理学不一定能解释生活中的一切现象，但生活中的一切现象，其本质的原因最终都要归结到物理学上来。因为物理学的一切分支——力学、热学、光学、电磁学等，归根到底都是在探究物质运动的规律和物质间的相互作用。

1.1 “疯子”迈尔留下的遗憾

在德国汉堡有一位名叫迈尔的医生。这个做事喜欢刨根问底儿的医生，在1840年的一天作为随船医生跟着一支船队来到印度。船队登陆后，很多船员水土不服，病倒了一大片，于是迈尔根据老法子给生病船员放血治疗。在德国，只要在病人静脉血管上扎一针，就会有黑红色的血液流出来，可是这次流出来的血竟然是鲜红色的。这立刻引起了迈尔的好奇：血液呈现红色是因为里面有氧，氧在人体“燃烧”产生热量，维持人的体温。因为印度天气炎热，人体维持体温时不需要“燃烧”以前在德国时所需的那么多氧，所以静脉里的血仍然是鲜红的。

可是人体的热量究竟来自哪里呢？心脏仅重500克左右，它即使不停地跳动也无法产生这么多热，那么就有一种可能，也就是体温是靠血肉维持的。再向下推导，它们又是通过食物而来，食物中不论是蔬菜还是肉类，最初都由植物而来，植物又是依赖太阳的光热而生长的。那么太阳的光热呢？一系列疑问交织在一起，迈尔陷入深深的思考当中。这些问题最终形成一个统一的问题：能量是怎么转化的？

从印度回到汉堡，迈尔马上写了一篇文章《论无机界的力》，而且他自己测出热功当量为365千克·米/千卡。有了这些成果，迈尔计划把论文在《物理年鉴》上发表，却被无情地拒绝了。无奈的迈尔只好到一些不知名的医学杂志上发表他的物理学发现。郁闷的他到处演说，可是一个医生却“宣扬”着自己的物理学发现，这无疑是很容易招来讽刺的。从此“疯子”迈尔成了他广为人知的名字。

迈尔

社会对他的怀疑，或许情有可原，然而让迈尔深受打击的是他的家人一样以为他疯掉了。在身心疲惫之际，偏偏祸不单行，迈尔的小儿子夭折。终于，连续的打击击垮了这个对科学痴狂的男人。1849 年迈尔选择跳楼自杀，虽然没有死去，但却摔断了双腿。从此怀着无限遗憾，迈尔变得神志不清了。

迈尔的遭遇有着无限的伤感和落寞，他所发现的“能量守恒”的主张也随着迈尔的悲惨遭遇而无人重视。无独有偶，和迈尔同期研究能量守恒的还有一个英国人，他就是赫赫有名的焦耳。

焦耳作为道尔顿的学生，一边做科学研究，一边打理着父亲留给他的啤酒厂。1840 年他对通电的金属丝能够使水发热这一现象产生了好奇。通过细心测试，他发现：通电导体所产生的热量与电流强度的平方、导体的电阻和通电时间成正比。这就是焦耳定律。1841 年 10 月，他的论文在《哲学杂志》发表。在这之后他又发现不管是化学能还是电能所产生的热都相当于一定的功。几年以后他带着自己的实验设备以及报告，前往剑桥参加学术会议。

会议上，焦耳当众做了实验，并宣布实验结论：自然界的力是不能被毁灭的，消耗了机械力，总能得到相当的热。

面对这番言论，台下在座的科学家频频摇头，就连法拉第也说：“这不可能。”一位名叫威廉•汤姆孙的数学教授更是对此嗤之以鼻，甚至气愤地摔门而出。

面对质疑，焦耳回到家里依旧坚持着自己的实验，1847 年，他再一次带着自己重新设计的实验来到英国科学协会的会议现场。在极力争取得来的短暂时间里，焦耳边当众演示自己的实验，边解释说：“机械能是可以定量地转化为热的，反过来 1 千卡的热也可以转化为 423.9 千克力・米（1 千克力约为 9.8 牛）的功……”焦耳的话还没说完，台下已经有人大喊：“胡说，热是一种物质，是热素，与功毫无关系。”喊这话的正是当年摔门而出的汤姆孙！面对质疑，焦耳淡定地说：“如果热不能做功，那么蒸汽机的活塞为什么会动？能量假若不守恒，永动机为什么至今没有造出来？”

汤姆孙一时无言以对，于是他开始做实验、查资料。没想到竟意外发现了迈尔几年前发表的那篇文章，在文章里迈尔的思想与焦耳的完全一致！惊喜和羞愧让他决定去拜访焦耳，为自己两次的不礼貌道歉的同时，也希望一起讨论这个物理学发现。

当汤姆孙在啤酒厂找到焦耳，看着焦耳用厂房改建的实验室里各种自制的仪器，他深深为焦耳的坚韧不拔而感动。汤姆孙拿出迈尔的论文，诚恳地说：“焦耳先生，我是专程来向您道歉的。看了这篇论文后，我发现了自己的无知以及莽撞。”焦耳看到论文，顿时神色忧伤起来：“汤姆孙教授，可惜我们再也不能和迈尔先生讨论问题了。一个饱受质疑的天才，在长期的怀疑和打击下，已经跳楼自杀了，虽然没有结束生命，却不幸地精神失常了。”

汤姆孙呆在那里，为自己的固执己见与抹杀新的科学见解而忏悔。

经历了怀疑与认可，坎坷过后，焦耳终于和汤姆孙一起合力开始了实验，并共同完成了能量守恒和转化定律的精确表述。

知识加油站

能量守恒定律

自然界有许多不同形式的能量，如机械能、内能、化学能、光能、电能等。各种形式的能量之间可以互相转化，即一种形式的能量转化为另一种形式的能量。例如：摩擦生热是机械能转化为内能；水电站里水轮机带动发电机发电，是机械能转化为电能；电流通过灯泡使灯泡发光，是电能转化为光能等。能量还可以发生转移，即一种能量从一个物体转移到另一个物体或从一个物体的一部分转移到另一部分。例如，热传递就是能量从温度较高的物体转移到温度较低的物体。能量在转化和转移过程中都遵循能量守恒定律，即：能量既不会凭空消失，也不会凭空产生，它只会从一种形式转化为其他形式，或者从一个物体转移到其他物体，而在转化和转移的过程中，能量的总量保持不变。

能量守恒定律是自然界中最普遍、最重要的基本定律之一，它反映了自然现象的普遍联系，也是人类认识自然、利用自然的有力武器。

1.2　物质既不能创造也不能消灭

物质世界是这样的奇妙有趣、光怪陆离、五彩缤纷。它是谁设想出来的，又是谁制造出来的呢？科学家们认为，物质是既不能创造也不能消灭的东西，它们在客观世界中原来就存在，并且还要永远存在下去。

早在 1673 年，英国著名化学家罗伯特 • 波义耳，就在密闭容器内做过金属铜、铁、铅、锡等的煅烧实验，他还仔细地研究了煅烧后反应物重量增加的情况。限于当时的科学水平，他误认为火是由一种实实在在的、有重量的“火微粒”所构成的物质。因此，他对一些金属在封闭容器中煅烧之所以会增加重量的推理解释是：金属在煅烧时，燃料所散发出的“火微粒”，能够穿过容器壁，钻到金属里，并与金属结合，结果生成了比金属更重的煅灰。上述认识用式子表示，则为：

金属 + 火微粒 = 煅灰

显然，波义耳虽然发现了金属煅烧会增重的事实，但由于对燃烧缺乏正确的认识，因此只能靠凭空想象来推理说明实验结果。燃料中的火微粒究竟是什么？他自己也不清楚。

罗蒙诺索夫

光阴似箭，80 多年过后，在 1756 年，俄国著名化学家罗蒙诺索夫对波义耳所做的煅烧实验产生了兴趣，对此，他又重新进行了研究。他将铅、铁、铜等金属，分别封闭在曲颈甑里煅烧：铅化了，液滴表面变成灰黄色；铜屑变成暗红色粉末；铁变成褐色。很显然，铅、铜、铁都发生了变化。按照波义耳的观点，一定是“火微粒”钻了进去，才使这些金属起了变化。既然火微粒钻了进去，那么，容器和金属的总重量就会增加。然而，罗蒙诺索夫称量的结果是，封闭的曲颈甑重量丝毫没有变化。

这一结果使罗蒙诺索夫对波义耳的推理解

释发生怀疑，并且点燃了自己创新的思想火花。为此，他及时地改变了实验方法：先称量金属屑的重量，然后将其装到曲颈甑中并一起称重；煅烧后再分别重新称封闭容器的重量和煅烧后金属的重量。结果发现，封闭的容器重量没变，而煅烧后的金属比原金属重量增加。而多次重复实验的结果都一样。实验事实充分证明，金属在封闭容器里煅烧，根本没有什么火微粒从外面钻进去，波义耳的假想是完全错误的。

那么，金属煅烧后为什么会增重呢？经过周密地推理，罗蒙诺索夫认为：容器中煅烧金属增加的重量，应等于容器中空气减少的重量，如果不使容器外的空气进去的话，封闭的容器和金属的总重量就不会变化。富有创见的罗蒙诺索夫，不仅纠正了波义耳的错误认识，揭开了煅烧后金属为什么会增重的疑团，而且他还采用了不完全归纳推理的方法，提出了质量守恒的见解。罗蒙诺索夫指出：

参加反应的物质的重量（质量），等于反应生成物的重量（质量）。

由于受当时历史条件和化学发展水平的限制，他的这一重要发现并未引起科学家们的足够重视。1774 年，法国化学家拉瓦锡对金属的氧化反应进行了精确的实验。他将 45 克的氧化汞加热分解，结果得到 41.5 克的金属汞和 3.5 克的氧气。这就是说，物质在化学反应前后，其总重量始终保持不变。

自从爱因斯坦提出狭义相对论和质能关系公式以后，科学家们又把质量守恒定律和能量守恒定律合二为一，称为质能守恒定律。

知识加油站

时间、空间、质量和能量

检验物质主要有四种量，即时间、空间、质量和能量。每一个具体的物质构成的物体，如一个茶杯、一个人、一座山、天上的太阳和月亮等，无论是大或是小，无论是有生命的或是无生命的，无论是人造的还是自然界中原有的，它们在空间上和时间上都是有限的，都不能永远地存在下去，都必定要经历产生、发展和消亡的过程。当它们存在的时候，必定会有一定的质量或能量。质量和能量间是相互转化的。

1.3　α 粒子轰出大秘密

一些象征着现代化的标志上，经常可以看到一个由几个椭圆交织成的图案，你知道吗？它是由卢瑟福首先“画”出来的原子模型。也许，你以为这没有什么了不起，画个图案还不是很省力的事？

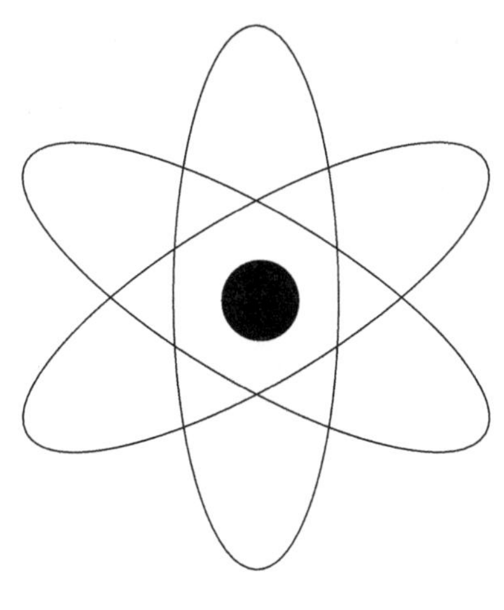

最初的原子模型

仔细想一想，并非那么简单。在那个年代，讲清运动着的原子究竟是副啥模样实在是一个难题。1910 年，英国曼彻斯特大学里，卢瑟福领导下的实验室发生了一件意料不到的事，竟然无意之中促成原子模型图的成功。事情经过是这样的：

一天下午，青年助手盖革问卢瑟福，是否可以在放射性方面做点工作，同时让刚来的助手马斯登也一起参加。卢瑟福同意并建议他们用 α 粒子去轰击金箔，看看穿过金箔的 α 粒子朝什么方向飞去。

原以为这个实验纯粹是练习性的，没有多大意义。因为当时的科学家认为原子就像一个葡萄干面包，原子内部的负电荷电子就好像葡萄干，正电荷就像面粉一样是均匀连续分布的物质。按照这种想法，可以预料：金原子里的电子根本无法抵挡住比它重几千倍的 α 粒子炮弹，金原子中的正电荷物质虽然有同 α 粒子相匹敌的质量，可惜它是均匀地分散在整个原子空间，也不会有什么了不起的抵抗力。所以，射向金箔的 α 粒子将继续向前飞去，最多稍微改变一下角度。

盖革和马斯登遵照老师的意见，着手准备这项练习。整个实验装置非常简单：作为炮弹的 α 粒子由藏在铅室里的放射性元素供给，它们的轰击目标是一张极薄的金箔，在金箔的后面放了一个可以改变方位的闪烁屏，只要 α 粒子撞到屏上就会发生一次闪光。盖革和马斯登像两名炮手，躲在一架低倍显微镜后面观察着这种微弱的闪光，并记下闪光的次数和角度。

第三天，卢瑟福正在自己的办公室里看书，忽然盖革冲了进来，惊慌地报告："α 粒子被金箔弹回来了好几次！"这真是难以置信的消息。这等于告诉你，用一枚重磅炮弹去轰击一张报纸，炮弹竟然被报纸弹回来了。卢瑟福很快恢复了镇静，这里面一定有奥妙。如果这两位学生没有看错的话，莫非是我们以前对原子的看法有问题?

卢瑟福紧张地思考了几个星期。他想，原子中的电子是早就被人观察到了，但是原子中连续分布的正电荷物质，却从来也没有露过脸。原子里的正电荷难道不是均匀分布而是集中在一个很小的核心上？因为只有集中了原子质量 90% 以上的正电核心，才可能有足够的力量来抵挡那些凑巧撞在上面的 α 粒子，并把它们弹回去。

按照这个想法，卢瑟福计算了 α 粒子穿过原子后向各个方向飞出去的次数，计算结果同盖革、马斯登的测量结果完全一致。在 1911 年 2 月，卢瑟福写了题为《α 和 β 粒子物质散射效应和原子结构》的论文，正式提出了被后人称为卢瑟福的原子模型。

虽然，这个模型以后又被进一步的研究所改进，但是卢瑟福模型的提出开创了原子物理的新纪元，所以今天人们常常用这个模型的图案作为近代物理学的一个标志。

知识加油站

分子间引力和斥力

研究发现，分子之间的引力和斥力都随分子间距离增大而减小，而且分子间斥力随分子间距离增大而减小得更快些。由于分子间同时存在引力和斥力，两种力的合力又叫作分子力。当两个分子间距离为 r_0 时，分子间的引力与斥力平衡，分子间作用力为零，r_0 的数量级为 10^{-10} 米，我们把距离为 r_0 的位置叫作平衡位置。当分子间距离 $r < r_0$ 时，分子间引力和斥力都随距离

减小而增大，但斥力增加得更快，因此分子间作用力表现为斥力。当 $r > r_0$ 时，引力和斥力都随距离的增大而减小，但是斥力减小得更快，因而分子间的作用力表现为引力，但它也随距离增大而迅速减小；当分子间距离的数量级大于 10^{-9} 米时，分子间的作用力变得十分微弱，可以忽略不计了。

分子之间存在引力：当分子间的距离稍大时，引力大于斥力，作用力表现为引力。
分子之间存在斥力：当分子间的距离很小时，引力小于斥力，作用力表现为斥力。

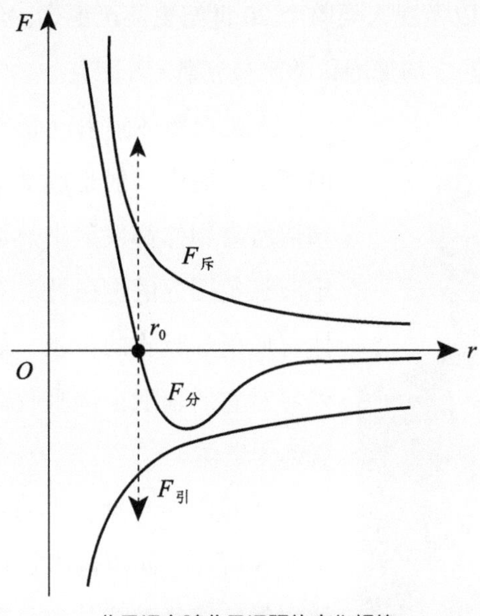

分子间力随分子间距的变化规律

1.4 充满诱惑的量子迷宫

现在我们都知道，这个世界的万物无一处不渗透着量子。在物理学领域，量子几乎萦绕着每一个方程，支配着每一个实验。量子的发现及其概念的建立，无疑是物理学史上的一次重大革命，它开创了物理学发展的新时代。多少年过去了，量子概念在科学中的意义和影响愈来愈重要，愈来愈深远。在此基础上建立的量子力学理论大厦，足以傲视人类整个20世纪史甚至更远。给这座大厦打下良好基础的人，就是大器晚成的德国科学家马克斯•普朗克。

马克斯·普朗克

人类对黑体辐射问题的研究促进了量子论的诞生。黑体辐射是热学中的一个问题。我们知道所有物体都发射出热辐射，这种辐射是一定波长范围内的电磁波。对于外界的辐射，物体有反射和吸收的本领。如果一个物体能够将外界对它的辐射全部吸收而不反射，这个家伙就称为黑体。

19世纪后半期，人们对黑体辐射问题进行了深入研究。四位德国物理学家精确测定了黑体辐射的能量随波长的分布，并画出了黑体辐射的实验曲线。为了从理论上探讨黑体辐射的本质，维恩求得了一个黑体辐射公式，接着，瑞利又求得另一个黑体辐射公式。由维恩公式绘制的曲线，在短波长区与实验曲线符合得很好，而瑞利公式则在长波长区与实验曲线符合较好，但在短波区却偏离实验值越来越远。由于理论公式不能解释位于紫外光区（即短波长区）热辐射的特性，当时的物理学界把它称为“紫外光的灾难”。号称已经十分完美的经典物理学理论，竟不能求出一个统一的公式来描述黑体辐射实验，这使19世纪的物理学家们感到十分难堪。

1900 年 10 月 19 日，42 岁的德国物理学家普朗克向德国物理学会提出了一个辐射的经验公式，这个公式用内插法把适合于长波的瑞利公式和适合于短波的维恩公式合在一起，使它适合于所有的波长，但是这个公式没有任何理论根据。当天晚上，鲁本斯把自己曾经做过的实验数据，同普朗克的公式进行了仔细比较，他惊奇极了：经验公式与实验数据符合得非常精确！第二天一大早他就去拜访普朗克，告诉他这个公式孕育着极其重要的真理，而不是一般的巧合。于是普朗克就开始寻找他的公式的理论基础。

两个月以后，为了解释他的公式，普朗克采取了一个决定性的步骤：假设微观系统中振子能量与振动频率成正比，它不能够连续发射而只能一份一份地发射出去，发射的最小单位就是一个能量子，就像我们买东西，付钱的最小单位是一分，不能再小了。这个发现对物理学来说具有划时代的重大意义，可是当时并没有引起人们的重视，因为能量子的假设是与经典物理学相抵触的。

1905 年，瑞士专利局里有位不出名的年轻职员认为普朗克的奇想是稀世之宝，他用这个理论成功地解释了 1888 年霍尔瓦兹发现的光电效应（用波长长的光照射金属，光再强也无电子飞出；用波长很短的光照射时，光再弱也有电子飞出）。这位职员就是后来闻名全球的爱因斯坦。从此，普朗克的量子理论才得到科学家们的公认，成为探索微观世界的强大支柱。

知识加油站

构成物质的粒子：常见的物质是由极其微小的粒子——分子、原子构成的。如果把分子看成球形，一般分子的直径只有百亿分之几米，通常以 10^{-10} 米为单位度量分子。

1.5 小实验戳破人们的想象

自从发现水波的传播需要水、声波的传播需要空气，物理学家们就想当然地以为太阳光的传播也需要某种介质，这种介质被称为“以太”。

以太并非新名词，早在古希腊时期，亚里士多德就提出，世间万物皆由水、火、土、气四种元素组成，而天则由第五元素“以太”组成。后来，随着“四元素说”被推翻，以太逐渐被人们遗忘。以太首先是哲学概念，而物理学家总是期望将它变成物理学概念。17 世纪的笛卡尔是一个对科学思想的发展具有重大影响的哲学家，他最先将以太引入科学，并赋予它某种力学性质。在他看来，物体之间的所有作用力都必须通过某种中间媒介物质来传递，因此空间不可能是一无所有、空空如也的，它是被以太这种媒介物质所充满的。也就是说，虽然以太不能被我们的感官所感觉，但它却能传递力的作用，如磁力和月球对潮汐的作用力。之后根据牛顿的发现，以太充满整个宇宙，无所不在、无色无味、绝对静止，宇宙中的天体相对以太在做运动。这一度成为物理学界的共识。可惜，始终没人能用实验证明以太的存在。美国物理学家迈克耳孙曾是以太学说的忠实信徒，但是，一场科学报告让他对此产生了怀疑。

迈克耳孙

1884 年，治学严谨、不轻易外出讲学的大科学家汤姆孙终于到美国来作报告了。报告那天，科学界人士济济一堂，大家纷纷挤到汤姆孙面前七嘴八舌、问这问那，自然也提到了那个玄妙的以太问题。汤姆孙搓着手说：“以太到底是啥东西，现在还不清楚。我们只知道地球是以约 30 千米每秒的速度绕太阳转，那么迎面就应该有一股‘以太风’不断吹来。如果谁能检测到这股‘以太风’的存在，也就证明了以太的存在。”

听到这番话，迈克耳孙心中一动，回来就开

始琢磨起“以太风”来。他想到，地球就好比一叶扁舟以大约 30 千米每秒的速度在以太海洋里航行，如果把一束光分成两束，分别向顺着以太风的方向和垂直于以太风的方向发射，这就好像有两个在河里游泳的人，一个横渡河流，一个顺流而下，这样一来，他们的速度肯定会有所不同。同样的道理，这样两束光的速度也肯定会有所差别，进入目镜后就能形成干涉条纹。如果将仪器旋转 90°，因为两束光所处的位置恰好对调，会形成另一种干涉条纹。

于是，迈克耳孙和莫雷一起设计了一个迈克耳孙干涉仪，它可以把一束光分成两束，再将两束光射向两个不同的方向，最终再返回目镜。通过目镜观察光线的干涉现象就可以确定光速的差别了。

他们在一年四季的所有日子，以及一天的白昼和夜晚进行观测，还把仪器搬到高山上、山洞里、山谷里，甚至让它随着氢气球升到高空中去检测，但还是观测不到预期的条纹变化，连千分之一的移动也没有。这真是“上穷碧落下黄泉，两处茫茫皆不见”啊！结果只有两个：要么是地球根本就不会动，要么是以太这东西压根儿不存在。

地球不会动让人无法理解，因为在整个太阳系里，天体之间都是相对运动的，而且天体本身也都有自转现象，所以地球绝对不会是宇宙间唯一一个相对以太静止不动的天体。况且，天体运动经哥白尼提出到牛顿最后证明，已经成为科学界的共识，是绝对不会错的。因此，以太说有错误倒更合理，即，宇宙间压根儿就不存在什么以太。

迈克耳孙本来是要以精确的实验来为以太的存在提供证据，不想适得其反，却从根本上否定了以太。一个小小的实验居然戳破了人们想象中的理论，这是他始料未及的。

迈克耳孙的实验结果一宣布，立即在物理学界引起了一场轩然大波，因为以太一旦被否定，就意味着已经伴随人们 200 多年、指导物理学家做出无数发现的牛顿力学失灵了，经典物理学金碧辉煌的大厦居然出现了裂缝，这是很多人所无法接受的。于是，荷兰的洛伦兹、法国的彭加勒等物理学权威，先后提出了拯救以太说的种种修正方案，总希望迈克耳孙的实验能有另一种解释，然而，这一切最后都被证明是徒劳的。

知识加油站

光的直线传播：光在同种均匀介质中是沿直线传播的。

光沿直线传播的现象与应用：

（1）影子的形成　光从光源传播出来，照射在不透光的物体上，不透光的物体把沿直线传播的光挡住了，在不透光的物体后面，即光照射不到的地方就形成了影子。

（2）日食　月球运行至太阳与地球之间时，对地球上的部分地区来说，太阳的部分或全部光线被月球挡住了，就形成了日食。

（3）激光准直　用激光束作为基准线，比如在挖长直隧道的时候，用激光束引导掘进机直线前进。

（4）其他　射击瞄准、木匠只用一只眼看木板是否刨平、古代人用影子来计时……都是利用光沿直线传播的特点。

光沿直线传播是有条件的：

如果介质不均匀，光线就会发生弯曲，例如，光的折射现象。筷子斜插入水中，看起来好像折断了；鱼缸里的鱼看起来好像变大了；还有神奇的海市蜃楼……都是光的折射现象。

1.6　探索神秘的量子本质

法国有一对爱学习的兄弟俩，哥哥叫莫里斯·德布罗意，弟弟叫路易斯·维克多·德布罗意（以下简称为德布罗意），哥儿俩经常一起商讨问题。一天，德布罗意去看望哥哥，并向哥哥打听最近科学大会有什么新闻。莫里斯将会上关于量子论的讨论讲了一遍，德布罗意听得入了迷，他突然对哥哥说："哥哥，让我和你一起研究物理吧。"他的话让哥哥大吃一惊，担心他在学业上前功尽弃。德布罗意自信地说："放心，我不会放弃学业，但物理对我有更大的吸引力。"

德布罗意接着说："直觉告诉我，量子理论是很有前途的，我将用我最大的精力去探索这神秘的量子本质。"

法国物理学家路易斯·维克多·德布罗意

就在德布罗意下定决心要在物理学上做一番大事业时，第一次世界大战爆发了。德布罗意上了前线，直到 1922 年他才回到家里，然而他并没有忘记他的物理事业，他很快就投入到量子理论的实验中。

实验过程中，他做出一个大胆的假设：光波是粒子，反过来的话，粒子是不是光波呢？ 1923 年，他发表了几篇论文，他坚信这世界中，不管是行星还是微尘，都能生成物质波。

1924 年，德布罗意又发表了一篇关于量子理论的论文，想考取博士学位。这个观点在当时很新颖，但未得到认可，毕竟这只是个假设，并没有证据证明。德布罗意觉得自己是没有希望考上博士了，但他的老师朗之万却对他的观点很赞赏，于是同意授予他博士学位。

后来，郎之万将德布罗意的论文寄给了爱因斯坦。爱因斯坦不愧是物理理论大师，他看完论文后连连称好。他说："德布罗意做了一件了不起的事，请大家对这个新理论给予关注吧。"

碰巧的是，在大洋彼岸的美国，有一个研究人员叫戴维逊，他正在实验室忙着做他的电子轰击金属实验。忽然“砰”的一声，一只盛放液态空气的瓶子掉在了地上，碎了。这下可麻烦了，用于实验的金属片是置于真空中的，瓶子里的液态空气气化了，接触到金属片锌，锌被氧化了。戴维逊只好对这块锌片重新加工，将表面氧化部分去掉，再放回真空容器中。

第二天，戴维逊和往常一样来到实验室，又开始了每天相同的实验。“奇怪，这是怎么一回事？”戴维逊自言自语道。

原来，锌片的取向发生变化后，电子束的轰击强度也变化了，很像一束波遇到了障碍物（锌片）那样会绕过去。戴维逊不明白了，电子不是粒子吗？怎么会有波的性质呢？这简直不可思议！这个谜团在他心中闷了两年，直到两年后的夏天才被解开。

这年夏天，戴维逊去英国访问，顺便拜访了物理学家玻恩。一见到玻恩，戴维逊就将心里藏了两年的疑问说了出来。玻恩耐心听完后，脸上露出了欣喜的笑容，他重重地拍了一下戴维逊的肩膀，说：“老兄，你已经成功了！”

“你的意思是电子真的是一种波？”戴维逊还是不敢相信。

“没错，这个假设已经有人提出来了，但还没得到验证。没想到却被你发现了。”

“快告诉我，提出这个伟大假设的人是谁？”

“法国人德布罗意，他还发表了论文呢，你可以看一下。”

拜访过玻恩以后，戴维逊回到了美国，又重做了两年前那场实验，果然和德布罗意提出的假设一样，德布罗意从此有了证明“电子是波”的证据。德布罗意也因此获得了1929年的诺贝尔物理学奖，戴维逊获得了1937年的诺贝尔文学奖。

量子理论的发展也因此越来越宽广，地位越来越巩固。

知识加油站

电子的波性

1897年英国物理学家汤姆孙发现电子，之后人们一直认为电子是有一定质量、带一定负电荷的一粒一粒的东西。但在20世纪初确定了光不仅有波动性，还具有粒子性（光子）之后，法国物理学家德布罗意在1924年提出，光子既然又有波性又有粒子性，那么一直认为是粒子的东西，如电子，是否也会有波性呢？三年之后，电子的波动性在实验上得到了证实。

1.7 小职员的大发现

科学巨星爱因斯坦的盛名无人不知，他以超凡的智慧揭示了宇宙的基本规律，成为科学家中的佼佼者。有人说“爱因斯坦对于20世纪一如牛顿对于18世纪”。科学家朗之万认为：“他也许比牛顿更伟大，因为他对科学的贡献更深入到人类思想基本概念的结构中。”朗之万所言主要体现在爱因斯坦对相对论的构建。

爱因斯坦

虽然现在一提爱因斯坦大家都知道，但在创立狭义相对论时的爱因斯坦却只是个小职员。原来大学毕业后，爱因斯坦没有立即找到工作，因为他是犹太籍出身，加上不修边幅，很受人歧视。为了谋生，爱因斯坦向各地中学写求职信，希望能找到一个教师的职位，但是没有结果。1901年，爱因斯坦在大学同学的帮助下，被瑞士伯尔尼联邦专利局聘用，作了三级技术鉴定员。专利局的职责是审核申请专利权的各种技术发明创造，这使爱因斯坦有机会接触到许多最新的科学成就，从而促进了他对物理学方面的研究与探索。

1905年，爱因斯坦提出狭义相对论，建立了不同于牛顿体系的相对时空观。狭义相对论有两条基本原理。

第一条是相对性原理。早在16世纪末意大利物理学家伽利略就提出，物体的静止和运动都是相对的。比如人们平时所说的物体的运动或静止，总是指它相对于地球而言的。如果某人在行进中的火车里垂直向上抛出一个物体，它还是会落在某人手里，而并不会因为火车在运动而发生偏向。但是爱因斯坦通过对光的实验，得出了更广泛的结论：不但物体的运动和力的作用的规律如此，就是光、电磁波等的规律也是如此。

第二条是光速不变原理。爱因斯坦认为，光在真空中的传播速度，是一个不变的常数——30 万千米每秒。它和光源的运动速度没有关系，和观察者本身的运动速度也没有关系。

根据狭义相对论这两条基本原理，爱因斯坦推导出很有趣的现象，预言了一个奇妙的世界：在高速运动情况下，物体的长度会缩短，时钟会变慢，即通常所说的“尺缩钟慢”效应。1905 年 9 月，爱因斯坦又根据狭义相对论预言，物体的质量会随着运动速度的增加而增大，并推导出了著名的质量能量关系式，即 $E = mc^2$（能量 = 质量 × 光速 ^{2}）。

知识加油站

狭义相对论被证实

狭义相对论提出的原理和推导出的具体结论，被后来的大量实验所证实。1971 年，美国飞行员海尔弗和凯尔丁把校好的铯原子钟放在超声速喷气飞机上，分别向东和向西绕地球飞行一周后，返回地面与一直放在地面上的同样的铯原子钟比较读数。比较的结果是：向东飞行的原子钟慢了 59 毫微秒，向西飞行的原子钟却快了 273 毫微秒。除去各种干扰因素影响的误差外，与狭义相对论的结论符合。如果飞机接近光速的话，那将完全与狭义相对论的结论相符。

1.8 震动世界的小小光点

爱因斯坦建立了狭义相对论之后，并未就此止步，于1907年着手创建广义相对论，经过近十年艰苦探索，终于在1916年单独完成了总结性论文《广义相对论的基础》，酝酿了十年的广义相对论终于建立起来了。这一理论的创立与包括狭义相对论在内的其他物理学理论的建立完全不同，它既不是为了解决理论与实验间存在着的差异，也不是为了满足理论发展的迫切需要，并且它是一项真正由个人完成的工作，是爱因斯坦独自发现的，这在现代物理学史上是非常罕见的。

在《广义相对论的基础》这篇论文中，爱因斯坦认为既然非匀速运动系统里的惯性力可以看作是匀速运动系统里的引力，那么经过一些适当的变换形式，各种物理定律在非匀速运动系统里，也同样可以适用。由此推导出有引力的空间和时间是弯曲的，而万有引力的产生就是由于时空弯曲。于是，爱因斯坦宣称：在引力场中传播的光线将要发生弯曲，并预言接近太阳的恒星光线将会偏离1.75弧秒。他还建议，在下一次日全食时，通过天文观测来验证这个理论的预见。

这篇极有创见的论文，引起了著名天文学家、剑桥大学教授爱丁顿的注意。他决定在日全食时进行观测，来验证爱因斯坦的新的引力理论。

根据天文预报，1919年5月29日将发生日全食。刚好，金牛座的毕宿星团在太阳附近，如果天气晴朗，用照相的办法至少可以照出13颗很亮的星。英国皇家学会接受了爱丁顿教授的建议，派出两支观测队，分别到西非洲的普林西比岛和南美洲的索布腊尔进行实地观测。去西非的一支由爱丁顿教授率领，去南美洲的一支由另一位美国天文学家带队。

预报日全食的那天早上，非洲观测点的上空布满了阴云，不久大雨倾盆。爱丁顿对此忧心忡忡，生怕无法进行观测。中午过后，雨停了下来，云虽然还未散尽，但日食现象已开始出现。爱丁顿举起右手有力地往下一挥，轻声地说：“照相开始！”节拍器“啪啪啪”地响了起来，在5分钟的日食过程中，他们一共拍了16张照片。

照片很快冲洗出来了。头几张照片上，看不见星星的影像，直到第13张，星星的影像才开始清晰起来。最后一张照片上面，有几颗星清楚地显现出来，其中太阳周围的几颗都向外偏转，其角度与爱因斯坦的预言非常相似。

日全食验证了广义相对论

去南美洲观测的结果，与在非洲观测的结果基本一致。于是，爱因斯坦的广义相对论的预言得到了证实：光线确实呈现出弯曲，弯曲的程度和数值，与爱因斯坦计算出来的完全一样。

全世界都被这些小小的光点所震动。1919年11月6日，英国皇家学会和皇家天文学会在伦敦正式宣布，日全食的观测精确地证实了爱因斯坦的广义相对论。

知识加油站

地磁场

（1）地磁场

地球本身是一个巨大的磁体，在地球周围的空间里存在的磁场叫地磁场。磁针指南北，就是因为受到地磁场作用的缘故。

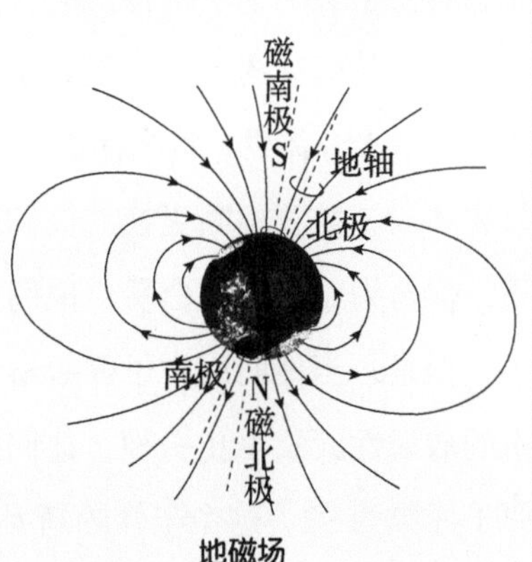

地磁场

（2）地磁极

地磁北极在地理南极附近，地磁南极在地理北极附近。

（3）地理两极与地磁两极并不重合

由于地理两极与地磁两极并不重合，所以磁针所指的南北方向不是地理的正南正北方向，而是稍有些偏离。我国宋代的沈括是世界上最早准确记述这一现象的学者。

1.9　中子“炮弹”轰开原子核

自从卢瑟福第一个用α粒子轰击出原子得到质子后，许多科学家以此为突破点，纷纷对原子核展开了研究，希望能从中发现不一样的东西。到底这其中还有多少秘密呢？谁也不知道，但是，科学家们相信元素中一定还有许多未知的规律。

在众人向原子核进行“炮轰”的队伍中，有一位女科学家，她就是居里夫人的女儿伊伦娜。伊伦娜也是一位出色的物理学家，她用α粒子轰击原子核得到了同位素，不久后这个消息传遍科学界。

这个消息也传到了意大利科学家费米的耳朵里，费米有股年轻人的冲动，他不想落在后面。既然伊伦娜用α粒子，那他就用中子。粒子和原子核一样带的是正电荷，它们之间产生的斥力必然会中和掉一部分冲击力，而中子是中性的，可以避免这个缺点。这样，费米又找到了一种轰击原子核的新“炮弹”。

很多科学家一旦有了重大发现便爱不释手，尤其像费米这样年轻的科学家。费米和他的一些同学虽然已经是物理学家，但都是年轻的小伙子，对中子“炮弹”的新鲜感不会一下子丢掉。

中子从哪里提取呢？最好是从镭放射的α粒子轰击铍获得。但因为镭很难制取，价格十分昂贵，费米他们买不起，只好用氡来代替镭，但氡的半衰期很短暂，只有4天，需要不断更换。他们就用这个简单的中子“炮弹”做着实验。虽然简陋，但努力总算没有白费，他们得到了许多自然界中没有的同位素。

但是，当他们用中子弹轰击铀时却得到了意想不到的结果。被轰击后，铀产生的放射性元素不止一种，他们猜想，这其中一定有不曾被发现的新元素。铀的原子序数为92，这个未知的新元素暂且就叫它“93号元素”吧。

费米发现“93号元素”的消息引起了物理学界的重视，科学家们开始寻找答案。

这时德国正好也有一个科学小组，以著名科学家哈恩为首，也在致力于寻找这种新元素的来源。

一天，哈恩到财政部去办事，遇到了朋友斯特拉斯曼，他给哈恩看了一本最新的科学杂志。哈恩看完杂志上的论文，便“啪”的一声扔到沙发上，拉起斯特拉斯曼的手说：“走，跟我到实验室去！”

哈恩在实验室里反复实验，他不明白，一个小小的中子怎么能使铀原子一下子放射出将近一半的粒子呢？最后他终于明白是怎么一回事——铀原子核被中子从中间一分为二了！

奥托·哈恩

“铀原子核被一分为二”这件事不容小觑，如果真的是这样，那么意义将不亚于居里夫人发现镭。

“铀在分裂时能释放出巨大的能量”，这对科学来说是一个好消息，但对于动荡不安的世界来说却是一个坏消息。这意味着铀很可能被用于制造杀伤性武器，它的能量是普通炸药的上万倍。要是希特勒这个暴虐之徒手中有了武器，他什么都干得出来。

爱因斯坦对核裂变这个研究很感兴趣，他看到了其中重要的意义。他亲自出面给罗斯福总统写了一封信，希望这件事能够引起重视，并尽快组织力量展开行动。

在爱因斯坦和多位科学家的努力下，罗斯福终于下定决心，同意了他们的请求。这才有了后来的“曼哈顿计划”和第一颗原子弹的研制成功。

知识加油站

核能

由于原子核的变化而释放的巨大能量叫作核能。

原子的组成：原子
- 原子核
  - 质子：带正电
  - 中子：不带电
- 核外电子：带负电

1.10　原子能时代开始了

核能是20世纪的一项伟大发现。1942年12月2日，在意大利著名科学家费米的领导下，几十位科学家在美国芝加哥大学成功启动了世界上第一座核反应堆，标志着人类从此进入了核能时代。当核能进入人们的生产和生活后，一种通过原子核变化而产生的新能源从此诞生。

费米

反应堆是人们长期科学实践的结晶。1934年，费米用中子轰击铀，发现了一系列半衰期不同的同位素。1938年，德国化学家哈恩用中子轰击铀时，发现铀受到中子轰击后的一种主要产物是质量约为铀原子一半的钡。物理学家莉泽·迈特纳于1939年年初阐明了铀原子核的裂变现象。由于铀235裂变后会释放出大量的能量和中子，费米等人认为，铀的裂变有可能形成一种链式反应而自行维持下去，并可能是个巨大的能源。

为了论证实现链式反应的实际条件，美国决定建造一座可控的链式反应装置——原子反应堆。1941年12月，费米来到芝加哥，领导美国一批物理学家在芝加哥大学斯塔格运动场的西看台下，开始建造世界上第一座原子反应堆。

要实现自行维持下去的链式反应，有两个中心环节：一是为了有效地激发核反应，需要用“慢中子技术”将快中子慢化（减速），在美国，费米等人主要用石墨作减速剂；二是必须严格控制裂变反应速率，因为，万一链式反应进行得太快，整个装置就有可能爆炸，带来灾难性后果，所以必须采取措施防止太多的中子放出。为了能够准确地控制中子的产生，并因此而控制链式反应的速度，反应堆应配备可以移动的镉棒。镉能够吸收中子并使它们变得无害，而且不允许不需要的核反应发生。

1942 年 11 月，一切准备就绪，费米带领两个科学家小组，开始昼夜不停地营建反应堆。这个反应堆是由石墨层和铀层相间堆砌而成，共计 57 层，堆高 6 米，呈扁球形。堆的中间有许多小孔，内插镉棒，镉棒深入的尺寸可以调节。12 月 1 日，最后一层终于全都铺好。

12 月 2 日凌晨，所有参与这项秘密计划的人员都聚集在第一座反应堆旁，在费米的指挥下各就各位。为了防止反应堆爆炸，采取了严密的安全措施——由电动机操纵的第一组镉棒在反应堆开始工作时由指挥台直接控制；第二组镉棒在反应开始时，可以用手抽出；当遇到意外情况时，第三组可滑入反应堆。万一这些措施都不顶事，还有一个三人小组随时准备把大量的镉盐溶液放出，倾泻在反应堆上。

下午 2 点整，镇定自若的费米指挥工作人员撤出了一根又一根镉棒，最后只剩下一根了。过了一会儿，这最后一根镉棒也抽出了一部分，顿时，中子释放频率达到相当高的程度，在场的人都觉得心惊肉跳，费米一边迅速拉着计算尺，一边发出命令“把镉棒再撤出 6 英寸”……一分钟又一分钟过去了。下午 3 点 35 分，根据各种仪表的指示，费米郑重地宣布：“现在已是链式反应！”由于极度兴奋，他的声音都颤抖了。从此，原子能时代开始了！

知识加油站

核电站

核电站和普通热电站的区别是，普通电站是用燃烧煤时释放出的热能给锅炉中的水加热，产生高温高压的蒸汽，冲动汽轮机转动从而带动发电机转动而发电。而核电站是利用核反应堆裂变的链式反应释放出核能，对第一回路中的水或其他液体进行加热，并把热能带回热交换器，第二回路中的水经过热交换器变成高温高压的蒸汽，冲动汽轮机转动而带动发电机工作。核电站的最大优点是消耗核燃料少，而产生的能量很大。

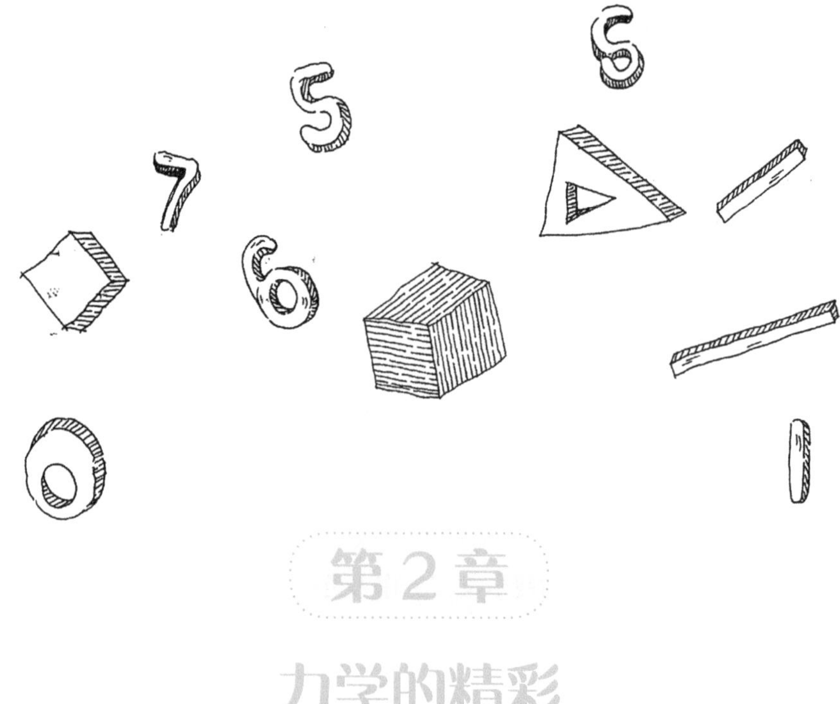

第2章

力学的精彩

力是物理学学科中一个举足轻重的研究性课题，是这个世界的基础。如果没有了力，苹果还会落地吗？如果没有了力，汽车还会飞驰吗？如果没有了力，火箭还能升空吗？可以说，力的存在影响着我们的生活，我们的生活也离不开力。下面我们一起来探索力的世界，揭开力学的神秘面纱。

2.1　可怖的大气压力

一说到气体，我们马上会想到包围地球的厚厚的空气层。这层空气叫作大气。空气、水和阳光，使得地球上有了生命，形成了生机勃勃的自然界，人类才能建起如今高度文明的社会。

大气对地球表面的物体有着不容忽视的压力，然而人们却毫无感觉，这是为什么？为了证实大气压力的存在，17 世纪中期有一个著名的实验，这就是马德堡半球实验。

17 世纪中叶，德国的科学界对大气是否有压力存在着分歧。有的认为有，有的则认为没有，争论不休。但由于双方都没有充分的证据，因此双方的争论还相当激烈。有位科学家叫奥托•冯•格里克，当时正担任着马德堡市的市长。他认为大气存在着压力，并决心要用实验来证实。起初，他将密封得很好的木桶中的空气抽走，结果木桶被大气压“炸”了。接着，他又用薄铜片做了一个球壳，也将其中的空气抽去，结果这个薄球壳被大气压扁了。

奥托 · 冯 · 格里克

1654 年，格里克用铜作了两个空心半球，直径约为几十厘米。这两个半球非常坚固，而且当两个半球合在一起的时候，没有缝隙，外面的空气透不进去，里面的空气也漏不出来，精密极了。球内的空气没被抽出的时候，球内外部都有空气，压力平衡，这时的两个半球想合就合，想分就分，毫不费劲。但是当球内的空气被抽出去后，由于球只受外面大气压力的作用，要使两个半球分开却不那么容易了，要分开它们，其用力之巨大实在惊人。格里克为此在马德堡做了一个公开的实验。由于当时尚未发明抽气机，因此，他先在两个半球合拢的球内装满了水，然后再用注射器将球内的水吸干，这样球内便是真空了。为了将这两个半球分开，当时动用了 16 匹骏马，分成两边，每边四对，这样对拉才把两个半球分开。你看，为了分开这两个半球，不是费了“九牛二虎之力”，而是费了“十六匹马之力”！ 1654 年，格里克又在勒根斯堡将这个实验在皇帝和廷臣面前进行表演，在场的人都非常惊异，不得不信服大气压力的存在。格里克实验所用的金属半球，人们把它称为马德堡半球，格里克所做的这个实验，就叫作马德堡实验。

根据计算的结果，大气的压力大约是 1 公斤每平方厘米。这就意味着，无论什么物体的表面，每平方厘米的面积上都要承受约 1 公斤的大气压力。如果房屋屋顶表面积是 40 平方米的话，大气作用在这个房顶上的压力竟达到 400 吨。在这么大的压力之下，房屋为什么没被压塌呢？这与马德堡半球合在一起没有抽去里面的空气是一个道理——房屋内外都有空气，房顶的上下都受到大气压力，因而互相平衡，房屋当然安然无恙。你想过吗？在大气中生活的人们，每个人的身上都要承受约十吨重的压力呢！因为，就算人体表面积为 1 平方米吧，大气每平方厘米的压力约是 1 公斤，那压在人身上的压力就有 10 吨重。我们平时就是在这么大的压力下生活的。由于我们体内也受到同样大的压力，所以感觉不到大气对我们的“重压”，我们习惯且必须生活在有大气压的环境中。如果人到了大气压力极低的环境里去，这时，体内的压力大大超过环境施给人的压力，将会发生组织破裂，造成人身死亡。所以人失去空气的压力，将无法生存。

可以想象到，穿一般的服装到月球上去探索、旅行，结果必是悲剧。因此，为了保证宇航员在月球上的正常生活，完成探险和考察的重任，需要给他们穿上一种特制的服装——宇航服，其内充有一个大气压，穿上这种衣服，宇航员就可以正常生活和工作了。

知识加油站

大气压

大气对在它里面的物体产生的压强叫作大气压强，通常简称为大气压或气压。

1 标准大气压 =760 毫米水银柱 =1.013×10^5 帕

大气压强的变化

大气压强的大小与海拔高度有关，海拔越高，空气越稀薄，大气压强就越小。测量结果表明：海平面附近的大气压强约等于 1 个标准大气压；海拔 5～6 千米处的大气压强只有 0.5 个标准大气压；海拔 8 千米处的大气压强只有约 0.3 个标准大气压。根据这一规律，无液气压计经重新标度后可直接显示海拔高度，此时称为高度计。例如，热气球上常用这种高度计来显示热气球上升的高度。

2.2 无处不在的引力

大地在我们脚下，我们为什么没有飞向天空？向空中扔出的石子，不管抛多高，为什么没有飞向太空，而是又回到了地面？好像有一种力量一直牢牢地把这些要飞走的东西又拽回了地面。这种力看不见，摸不着，却又无处不在。正是因为有了这种力，人们才会生活在地球上，而不至于飘浮在空中，这就是“万有引力”。这种神奇的力，在200多年前，被伟大的物理学家牛顿发现。

牛顿

1666年，一场瘟疫席卷了伦敦，夺走了很多人的生命，那是段让人压抑的日子。大学被迫关闭，像艾萨克·牛顿这样热衷于学术的人只好返回安全的乡村，期待着席卷城市的病魔早日离去。

一个偶然的事件往往能引发一位科学家思想的闪光。牛顿常坐在姐姐的苹果园里沉思冥想。一天傍晚，牛顿听到熟悉的声音，“咚”的一声，一只苹果落到草地上。他急忙转头观察第二只苹果落地。第二只苹果从外伸的树枝上落下，在地上反弹了一下，静静地躺在草地上。这只苹果肯定不是牛顿见到的第一只落地的苹果，当然第二只和第一只也没有什么差别。苹果落地虽没有给牛顿提供答案，但却激发这位年轻的科学家思考一个新问题：苹果会落地，而月球却不会掉落到地球上，苹果和月亮之间存在什么不同呢？

第二天早晨，天气晴朗，牛顿看见小外甥正在玩小球。他手上拴着一条皮筋，皮筋的另一端系着小球。他先慢慢地摇摆小球，然后越来越快，最后小球就径直抛出。牛顿意识到月球和小球的运动极为相像。牛顿认为，重力不仅仅是行星和恒星之间的作用力，有可能是普遍存在的吸引力。

牛顿并不是发现了重力，他是发现了重力是“万有”的。每个物体都会吸引其他物体，而这股引力的大小只跟物体的质量与物体间的距离有关。牛顿的万有引力定律说明，每一个物体都吸引着其他每一个物体，而两个物体间的引力大小，正比于它们的质量，会随着两物体中心连线距离的平方而递减。不管距离地球多远，地球的引力永远不会变成零，即使你被带到宇宙的边缘，地球的引力还是会作用到你身上，虽然地球引力的作用可能会被你附近质量巨大的物体的引力作用所掩盖，但它还是存在的。不管多小，还是多远，每一个物体都会受到引力的作用，而且遍布整个太空，所以称它为万有引力。

万有引力的发现，是 17 世纪自然科学界最伟大的成果之一。它把地面上的物体运动的规律和天体运动的规律统一了起来，对以后物理学和天文学的发展具有深远的影响。它第一次揭示了自然界中一种基本相互作用的规律，在人类认识自然的历史上竖立了一座里程碑。

牛顿推动了引力定律的发展，指出万有引力不仅仅是星体的特征，也是所有物体的特征。作为所有最重要的科学定律之一,万有引力定律及其数学公式已成为整个物理学的基石。

知识加油站

万有引力定律

（1）内容：自然界中的任意两个物体都是相互吸引的，两个物体间引力的大小，跟这两个物体的质量乘积成正比，跟它们的距离的平方成反比。

（2）公式：$F=G\frac{m_1m_2}{r^2}$，其中 $G=6.67\times10^{-11}$ 牛·米^2/千克^2，称为万有引力恒量。

（3）适用条件：严格地说此公式只适用于质点间的相互作用，当两个物体间的距离远大于物体本身的大小时，公式也可近似使用，但此时 r 应为两物体重心间的距离。对于均匀的球体，r 是两球心间的距离。

2.3 阿基米德巧辨金冠真伪

故事发生在2000多年以前的意大利南部西西里岛上。在这个岛上有个叙拉古王国，国王为了表示对神灵祐佐他成功的敬谢，让金匠打制了一顶金冠，献给永恒的神祇。

国王看着精巧玲珑、熠熠闪光的金冠，高兴得眉开眼笑。可是，一位大臣却告诉国王："金匠的手艺的确高超。不过，金冠并非纯金。据臣得到的情报，金匠克扣了一部分金子，换成了等量的白银。"国王对金匠竟敢欺骗他十分恼火，发誓要严惩不贷，可是，苦于找不到确凿的证据。怎样才能既不损坏金冠又能辨出真伪呢？他把这个难题交给了当时的著名学者阿基米德。

阿基米德

阿基米德虽然知识渊博，但这类难题也是第一次碰到，一时不知从何下手。他仔细观察，反复思索，一连数日一筹莫展。

阿基米德想，要是王冠里面掺了假，可能是银或者铜。同样重的银或铜，其体积要比同样重的金的体积大。现在王冠的重量与纯金的重量一样，要是掺了假，体积一定要变大，可惜王冠的体积无法计算呀！因为王冠是不允许有丝毫损伤的。这个问题弄得他饭吃不香，觉睡不好。

一天，仆人叫他去洗澡，一路上，阿基米德也没有中断过思考，走到浴缸前，在满池的热水前，他依然在思考着。跨进浴缸的时候，他突然注意到，当他在浴缸里沉下去的时候，就有一部分水从浴缸里溢了出去。身体入水越深，溢出的水越多，当全身都入水后，水才停止外溢。同时，他感觉到自己的身体似乎轻了一些。这习以为常的现象，却使冥思苦想的阿基米德豁然开朗。他马上跳出浴缸，浴缸里的水也立刻浅下去。这时，他已经完全明白了：刚才澡盆里溢出去的那部分水的体积，不正是自己身体的体积吗！

阿基米德欣喜若狂，竟顾不上穿好衣服，就跑出了浴池，浑身湿淋淋地一面高喊着，一面往皇宫跑去。

到了皇宫，他立即动手做实验。阿基米德叫人取来三种东西——金块、银块和皇冠。三者的重量相等。只见他依次把它们浸在盛水的容器里，观察每次各溢出多少水。结果呢？他发现，皇冠排出的水，多于金子排出的水，而少于银子排出的水。于是，他断定皇冠不是纯金制作的，并准确测出了掺兑白银的数量，使金匠受到了惩罚。阿基米德也以此为起点继续研究，终于提出了著名的阿基米德定律——浮力定律。

知识加油站

阿基米德原理

（1）阿基米德原理是解决浮力问题的基本规律。这个原理告诉我们，浸入液体里的物体受到向上的浮力，浮力的大小等于它排开的液体受到的重力。用公式表示就是$F_{浮}=G_{排}$。

（2）用$F_{浮}$表示浸在液体中的物体受到的浮力，用$m_{排}$表示它所排开的那部分液体的质量，则$F_{浮}=m_{排}g$。另一方面，如果用$V_{排}$表示物体所排开的那部分液体的体积（显然，它就是物体浸没在液体中的那部分体积），用$\rho_{液}$表示液体的密度，由于$m_{排}=\rho_{液}V_{排}$，那么物体受到的浮力的大小可表示为$F_{浮}=\rho_{液}gV_{排}$。

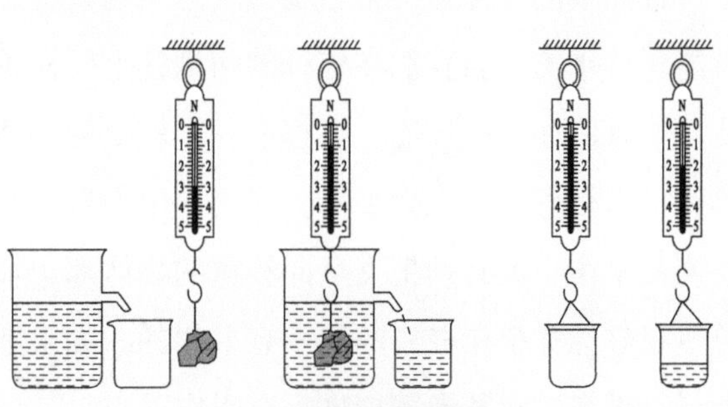

阿基米德原理实验

（3）阿基米德原理同样适用于空气中的物体所受到的浮力问题。例如，热气球受到的浮力的大小就等于被它排开的空气所受的重力的大小。

2.4 我能撬起地球

人们从远古时代起就使用杠杆，并且懂得巧妙地运用杠杆。在埃及建造金字塔的时候，奴隶们就用杠杆把沉重的石块往上撬。造船工人用杠杆在船上架设桅杆。人们使用汲水吊杆（一种带平衡锤的杠杆）从井里取水。罗马人把货物挂在精工制造的杠杆秤（杆秤）上称重。另外，古时候的船都是用桨来划动的，并且用舵来操纵，而桨和舵也都是杠杆。

古代的技术家们都知道，凭借这些简单的机械，就可以用很小的力量推动很大的重量。但是杠杆为什么能做到这一点，却没有人能解释。至于哲学家们在谈起这个问题的时候，就一口咬定说，关键就在于圆的“魔性”上，因为杠杆的两端在工作的时候是沿着圆弧运动的。阿基米德却不乱说什么圆的“魔性”。他懂得“自然界里的种种现象,总有自然的原因来解释”。杠杆作用也有它自然的原因，他想把这样的解释找出来。

最简单的杠杆是一根金属的或木质的直棍。如果把它在中点上支持起来，它就能保持平衡。当我们在杠杆的两端挂上同样重的物体的时候，平衡仍旧保持不变。但是假如在杠杆的一端挂上一个较重的物体，而在另一端挂上一个较轻的物体，那么杠杆就要失去平衡，它的一个力臂就要下沉，另一个力臂就要上升。想要恢复平衡，就必须把支点向较重的物体那边移动。阿基米德懂得，两个物体的总重量好像集中在杠杆的某一点上似的。如果把杠杆在这一点上支起来，杠杆就能保持平衡。阿基米德把这一点叫作重心。

后来，阿基米德确立了杠杆的平衡定律：力臂和力（重量）成反比例。换句话说，小重量是大重量的多少分之一重，长力臂就应当是短力臂的多少倍长。假设杠杆的一个力臂是 20 厘米长,另一个力臂有它 5 倍长,就是 100 厘米长。那么，如果在短力臂上挂上 5 千克的物体，在长力臂上只要挂上 1 千克的物体，杠杆就能保持平衡。

这个规则还可以用另外一种说法来表达：每边的力臂的长度和这力臂所受的力的乘积是相等的。例如，就上文所取的杠杆的力臂长度和重量来说，就有：

5 千克力 ×20 厘米 =1 千克力 ×100 厘米（1 千克力约为 9.8 牛）。

另一方面，如果我们用手握着杠杆的长臂向下按，那么我们的手在空中画出的路径，却比短力臂的末端所画出的路径长。杠杆两端所走过的路径，也是和力成反比例的。假如长力臂的末端走过了半米的距离，那么短力臂的末端就只走 10 厘米的距离。在用力方面省 5 倍，在所走的距离上就反过来费 5 倍。

阿基米德确立了杠杆定律以后，就推断说只要能够取得适当的杠杆长度，任何重量都可以用很小的力量举起来。据说他曾经说过这样的豪言壮语："给我一个支点，我就能撬起地球！"这句话，成为代表着阿基米德的性格和自信心的一句名言，随同着阿基米德的名字一直流传到今天。

给我一个支点，我就能撬起地球！

知识加油站

杠杆：在力的作用下，可以绕其固定点转动的硬棒。

杠杆的分类

（1）省力杠杆

这类杠杆中动力臂大于阻力臂，平衡时动力小于阻力，也就是用较小的动力就可以克服较大的阻力。但在实际工作时动力移动的距离却比阻力移动的距离大，即要费距离。如撬起重物的撬棒、开启瓶盖的起子、铡草用的铡刀等，都属于这一类杠杆。

（2）费力杠杆

这类杠杆的特点是动力臂小于阻力臂，平衡时动力大于阻力，也就是用较大的动力才能克服阻力完成工作。但它的优点是杠杆工作时，动力移动较小的距离就能使阻力移动较大的距离，使工作方便，也就是省了距离。如缝纫机踏板、挖土的铁锹、大扫帚、夹煤块的火钳，这些杠杆都是费力杠杆。

（3）等臂杠杆

这类杠杆的动力臂等于阻力臂，平衡时动力等于阻力。这类杠杆工作时既不省力也不费力，如天平、定滑轮就是等臂杠杆。

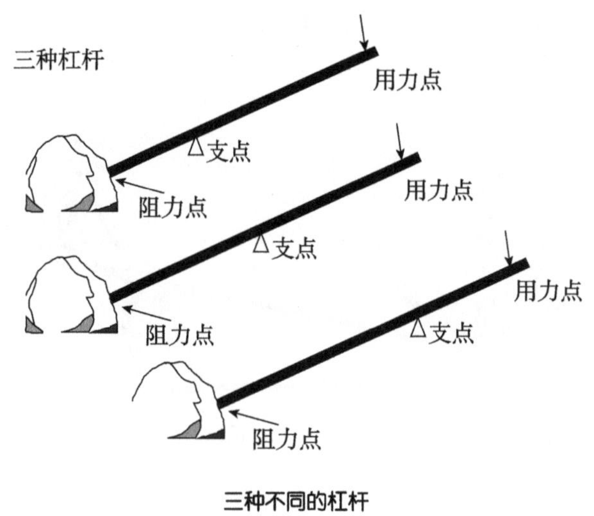

三种不同的杠杆

2.5　难以捕捉的“香蕉球”

第 13 届丰田杯决赛时有一个精彩镜头：巴西著名球星苏格拉底的弟弟拉易以看似向左,而实际向右的一记“香蕉球”踢进了世界级门神比塞莱塔把守的“龙门”，使圣保罗队战胜巴塞罗那队而捧得丰田杯。“香蕉球”的最大特点是，走向扑朔迷离，弧度变幻莫测，即使最有经验的门将也难以捕捉到它。所以重大比赛中，“香蕉球”往往能置对手于死地。

“香蕉球”原理，是德国科学家马格努斯首先发现的，故称为马格努斯效应，简称马氏效应。马氏效应可以从流体动力学的观点来进行解释：“当球旋转时，与它直接接触的那部分流体会被带动着一起旋转，并会相继带动相邻的流体产生同样的影响。”于是，在球体周围就会产生一个跟它一起旋转的附面层。在图中，箭头 A 和箭头 B 分别代表球体及其附面层的旋转方向。球左边附面层中的空气，方向与气流方向相同，而在另一侧，方向则相反。这样，附面层与气流运动方向的差异，就会导致球体两边压力的不同。在右侧，即附面层的空气与气流方向相反的一边，由于流速降低，而形成一个高压区域。在左侧，因附面层的空气与气流方向相同，流速增大，从而产生一个低压区。球两侧压差所产生的结果是，球受到一个从右向左方向的合力作用，故使球偏离直线路径而沿曲线轨道飞行。

那么，流体动力学是一门什么学问，又是怎么建立起来的呢？

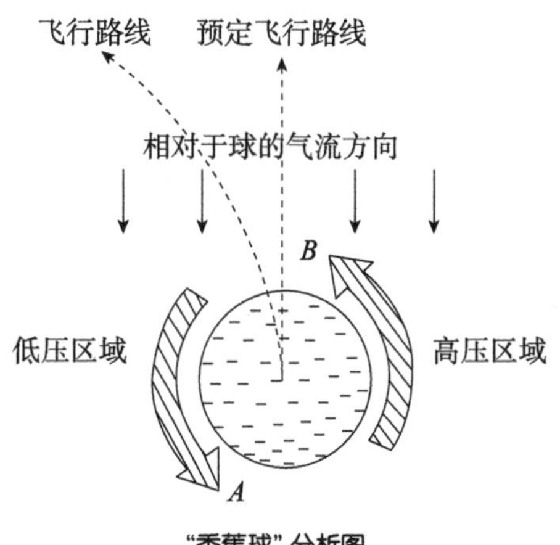

“香蕉球”分析图

流体动力学是流体力学的一门子学科，研究的对象是运动中的流体（流体指液体和气体）的状态与规律。流体动力学这门科学起源于古代中国、埃及、美索不达美亚和印度，它是随着水利灌溉和舟船航行的需要对水进行治理而出现的。虽然这些文明之邦都谙熟河道水流的本质，但尚无根据说明他们曾经提出过什么定量规律以指导其工作。直到公元前 250 年，阿基米德才发现并记载了有关水静力学及浮力方向的一些定理。尽管水动力学方面的实际知识始终不断地促使人们改进并推动流体机械的发展，造出更好的帆船，建成日益错综复杂的运河水系，然而作为经典水动力学方面的一些基本定理，还是等到 17 ~ 18 世纪时才开始建立起来。牛顿、丹尼尔·伯努利、列昂纳德·欧拉都曾为建立这些定理做出过巨大的贡献。

20 世纪以来，现代工业的发展突飞猛进，新技术不断涌现，现代流体动力学获得飞速发展，并渗透到现代工农业生产的各个领域，例如在航空航天工业、造船工业、电力工业、水资源利用、水利工程、核能工业、机械工业、冶金工业、化学工业、采矿工业、石油工业、环境保护、交通运输、生物医学等领域，都会用到现代流体动力学的有关知识。

知识加油站

二力的合成

（1）合力

如果一个力产生的效果跟两个力共同作用产生的效果相同，这个力就叫作那两个力的合力。合力是从力作用的最终效果来说的。

（2）同一直线上的二力合成

① 作用在同一个物体上的两个力，如果在同一直线上，且方向相同，则其合力大小为这两个力的大小之和，合力方向跟这两个力的方向相同。

② 作用在同一个物体上的两个力，如果在同一直线上，但方向相反，则其合力大小等于这两个力的大小之差，合力的方向跟较大的那个力相同。

（3）互成角度的二力合成

作用在同一个物体上的两个力互成角度，它们的合力可以用这两个力为邻边作平行四边形的对角线来表示。

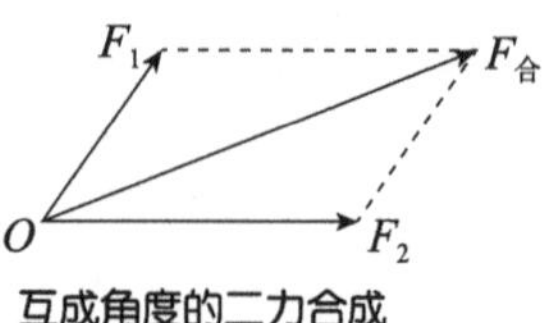

互成角度的二力合成

2.6　靠得太近酿成的祸事

在靠近铁路的地方，大人们常告诫小朋友不要到铁路边去玩耍，防止火车开过来时把人吸进去。开动着的火车为什么会产生吸力呢？先看看下面的故事吧。

1912 年的秋天，当时世界上的一艘最大远洋轮“奥林匹克”号正在向前疾驶，这时在距其 100 米左右处有一艘“豪克”号巡洋舰与之同向前进。突然，吨位小的巡洋舰好像被一只无形的巨手推动似的，竟向着远洋轮冲去。巡洋舰的舰长大惊，连忙纠正航向，但是一切努力都归于失败，“豪克”号终于把无辜的“奥林匹克”号撞了一个大窟窿。

是什么力量酿成了这场祸事？我们不妨做个简单的实验：取两张普通的白纸，用两只手拎着平行相对放置，之间约有十几厘米的距离。我们用嘴向它们之间吹口气，试图使二者分开的距离更远些，结果恰恰相反，两张纸非但未分开，而且靠得更近了。

瑞士物理学家丹尼尔 · 伯努利

为什么会出现这种现象呢？原来吹气时两张纸之间的空气的流动速度变大了，气体流动速度变大时压强就会变小。两张纸外侧空气保持着大气压强，而内侧气体压强变小了，外侧压力大于内侧压力，两张纸必然向内侧运动了。

这个原理早在 1726 年就由瑞士的一名大物理学家丹尼尔 • 伯努利提出来了，但是没有引起人们的重视，根本没有察觉到它的“威力”，直到“奥林匹克”号与“豪克”号两船相撞，人们才认识到伯努利原理的力量。原来当两船高速并排前进时，由于船头尖、船身宽，而在两船之间的各处，水的流量要保持不变，以免水在船的中部堆高起来，因此在两船身之间水的流速变大了，这就使得两船的外侧受的压力比内侧大，在压力差的作用下，遂发生了惨案。后来，人们才从这起事故中学到了知识，吸取教训，在水面航行的高速船只，都严格地避免两船并排同向航行。

现在再来看火车吧！其实，人们太靠近行驶的火车容易被火车吸引这种说法是不够确切的，正确的说法是：当火车高速前进时，它附近的空气都被带动跟着前进，人站在行驶的火车附近时，一面空气的流速快而另一面空气不动，这个压力差就会把人推向火车，从而发生危险。

知识加油站

压力

压力：物理学中把垂直压在物体表面上的力叫压力。

压力产生的原因：压力是由于两个物体之间互相挤压引起形变而产生的弹力。

压力可以使物体产生形变。例如，用木棒从各个角度挤压面团，可看到，当木棒离开后，面团上留下了一个个的凹坑，这种使面团发生凹陷形变的力就是压力。压力是垂直作用在物体表面上，使物体表面凹陷的力。其中“作用在物体表面上”一语，意味着表面上各点都是压力的作用点，“垂直物体表面”是压力的方向，“使物体表面凹陷”是压力产生的作用效果。例如按图钉，其方向可以与墙面垂直，可与天花板垂直，也可与水平桌面垂直，无论这个面如何放置，压力的方向总是要与接触面相垂直的。这是压力与其他力的一个根本区别。

2.7　小弹簧蕴含大道理

小时候你用钢丝在直棍上卷过弹簧吗？做成的弹簧既可以拉伸又可以压缩，很好玩的。在实际生活中有各种弹簧，如圆珠笔杆内装的弹簧、弹簧秤上的弹簧、自行车车闸和鞍座上的弹簧、沙发床上的弹簧等。

弹簧具有怎样的性质呢？为了研究问题方便，假定弹簧是很轻很轻的（不考虑弹簧自身的质量），并且弹簧形变后，如果撤去外力能够完全恢复到原来的状态。弹簧在外力作用下形变，施加拉力时弹簧变长，出现拉伸形变；施加压力时弹簧变短，出现压缩形变；无论是哪种形变，都属于弹性形变。发生弹性形变时弹簧要对应产生弹力（弹力的大小与所加的外力大小相等），弹力大小与弹簧的形变量存在怎样的关系呢？取某一弹簧做实验，施加在弹簧上的力和形变量分别为：

给弹簧施加 1 牛顿的力，形变量是 0.2 厘米；

给弹簧施加 2 牛顿的力，形变量是 0.4 厘米；

给弹簧施加 3 牛顿的力，形变量是 0.6 厘米；

……

我们会发现施加的外力越大，弹簧发生的形变也越大，而且，该弹簧每增加 1 厘米的形变，对应增加的弹力总是 5 牛顿，是个不变的值。

弹簧

显然，这种关系是由弹簧自身的性质所决定的，与所加外力的大小无关。这说明弹簧的弹力大小与对应发生的形变量的大小成正比，换用其他弹簧做实验仍有同样的结论。早在 1676 年，英国物理学家胡克做了大量的实验发现了这一规律。

英国物理学家胡克

根据弹簧的特性，人们制成了弹簧秤，可以用来称量物体的重力。实际的弹簧都有一定的弹性限度（发生最大弹性形变时所对应的弹力大小），在弹性限度以内弹力与对应发生的形变才满足正比关系。

知识加油站

弹力与摩擦力

弹力定义：物体由于发生弹性形变而产生的力叫作弹力。

两个物体若不接触一定没有弹力，两物体接触不一定有弹力，有弹力不一定有摩擦力。如放在墙角静止的足球，它和竖直墙壁接触但是没有弹力，足球和水平地面之间有弹力（即压力）但是并没有摩擦力。

相互接触、相互挤压的物体，只有它们要发生或已经发生相对运动时才有摩擦力。即相互接触、相互挤压的物体有相对运动或者相对运动的趋势的时候，它们之间才会有摩擦力出现。

摩擦力的方向与运动方向可以相同，也可以相反或成一定夹角。但摩擦力的效果总是在试图减小物体之间的相对运动，物体之间的摩擦力总是与弹力方向垂直。

2.8 运动场上的惊险一幕

运动场上，很快就要举行精彩的男子100米决赛。你瞧，起跑线上六名运动健儿做着预备姿势，正全神贯注地等着发令员的枪声。

“啪”的一声，枪响了。六个运动员像离弦的箭一样几乎同时飞了出去。观众异常兴奋，拼命地为这六名运动健儿喊着“加油”，这更激起运动员的斗志，拼命向终点冲刺。

正当运动员向终点冲刺的时候，有个不懂事的小孩闯进了跑道，虽说在终点之外，却离终点很近。这可把值勤人员急坏了，只见他冲进跑道，夹起小孩就往外跑。刚把小孩夹出跑道，运动员们就已经冲过来了。多险啊！观众们着实为那个小孩捏了一把冷汗。

大家都知道，参加赛跑的运动员，到达终点后，总要向前冲出一段距离。要不是那位责任心强的值勤人员把小孩抢出跑道，那个小孩很可能被撞到。

运动员到达终点后，为什么要向前冲出一段而不是马上停住呢？这是因为惯性的缘故。那么，什么是惯性呢？

物理中有这样一条定律：“一切物体在没有受到外力作用的时候，总保持匀速直线运动状态或静止状态不变。”这条定律是说，如果物体没有受到外力的作用，它的运动状态就不会发生改变，即：原来静止的物体将继续保持静止；原来运动的物体将按自己原来运动的方向，原来运动的快慢，丝毫不变地继续运动下去。这就是所谓“静者恒静，动者恒动”。这条定律，来源于力学奠基人——牛顿的名著《自然哲学的数学原理》，牛顿把它称为力学第一定律。我们通常把它叫作牛顿第一定律，也叫作惯性定律。

用“惯性”这个词描述物体“习惯”于自己原来的运动状态这种特性是很恰当的。因为物体在没有受到外力作用的时候。它不会改变自己本身的状态。这不是物体“习惯”于自己原来的运动状态的性质又是什么呢？不过，你可知道确定使用“惯性”这个词，还有一段历程呢。

惯性这个词是由外文翻译成汉语的，起初它被译为“惰性”。它的意思是说，物体具有懒惰的特性。这个词有点委屈了物体，在不受外力作用的情况下，原来静止的物体保持自己的静止状态不变，毫不动弹，确实显得很懒惰；可是，那些原来处于运动的物体，却总是保持自己的速度而运动，它们不知疲倦地跑着，甚至是飞跑着，一点儿也不懒惰呀！正因为这样，“惰性”这个词最终被抛弃了，而用“惯性”这个词。它的意思就是说，在没有外力作用的情况下，物体习惯于自己原来的状态。

所有的物体都具有惯性，但并不是所有物体的惯性都相同。你瞧，移动一个放在桌子上的墨水瓶，易如反掌，而搬动一个沉重的柜子，却不是那么简单的事。这就是说，在外力的作用下，物体力图保持它们“静止”习惯的能力大小是不同的。墨水瓶一触即溃，而沉重的柜子却顽固异常。两辆卡车，一辆空车，一辆满载，要使它们开动起来，空车要比满载的车容易得多。一旦开动起来，假若它们以同样的速度前进，遇到特殊情况需要刹车，空车容易刹住而满载的车却困难得多。这就是说，满载的车保持自己原来运动状态的能力强，而空车保持自己原来运动状态的能力弱。类似的情况，在日常生活中是屡见不鲜的。实际情况表明，物体的惯性各不相同，越沉重的物体，惯性越大。

知识加油站

牛顿第一定律

地球上的物体总是受到其他物体的作用，根据其受力的效果，可以判断力是否存在。但如果一个物体不受任何力的作用，将会出现什么现象呢？

牛顿在伽利略等人的研究基础上，经过长期的实践和探索，总结出：一切物体总保持匀速直线运动状态或静止状态，直到有外力迫使它改变这种状态为止，这就是牛顿第一定律。

牛顿第一定律所描述的物体不受外力作用的状态是一种理想化的状态，在自然界不受力的作用的物体是不存在的。在实际处理问题时，牛顿第一定律可理解为：当物体受到的几个力共同作用时，若这几个力对物体的作用效果相互抵消，物体将保持静止状态或匀速直线运动状态。

换一个角度来看，牛顿第一定律诠释了运动和力的关系——力不是维持物体速度的原因，而是改变物体速度的原因，是使物体产生加速度的原因，当然力也是使物体发生形变的原因。

2.9　奇妙的相对运动

倘若有人让你去抓住一颗正在飞行的子弹，你一定会认为这个人准是神经不正常。但是，在第一次世界大战中，却发生过用手抓住飞行的子弹而不受其伤害的故事。有位法国飞行员在2000米高空驾驶着飞机，突然感觉有一只小虫子干扰了他的飞行，他用手迅速地抓过来一看，却吓出了一身冷汗，你猜是什么？是一颗德国子弹。为什么这颗子弹能被这位飞行员徒手抓住呢？原来这是运动相对性给这位飞行员带来的好处。当时子弹与飞机朝着同一方向飞行，速度也差不多，这样，相对于这位飞行员来说，子弹几乎是静止的或只有一些移动。你设想一下，抓起桌上放的一颗子弹，这颗子弹能伤害你吗？显然是没有危险的。

两艘高速飞行的宇宙飞船，可以在空中互相靠拢连接在一起，而不至于互相碰撞，也是由于它们同向飞行，速度几乎相等，相对来说几乎是静止的。

相反地，“静止”的物体也可能伤人。我们都说马路旁边的树木是静止的，其实这是相对于地面来说的。大家知道，当我们乘坐敞篷车在马路上奔驰的时候，一定要当心路旁的树枝，否则，那所谓“静止”的路旁的树枝是会伤人的。原因就在于，这时的树枝相对于汽车来说并不静止，而是以很快的速度向后飞奔而去，如果车上的人不当心，被这以很快速度迎面而来的树枝所击，不受伤才怪呢。

两个物体相向运动，这时，如果以其中一个为参照物，另一个的速度就将是两个物体速度的总和。因此，在一定的条件下，相对地面运动并不快的一些小东西可能会变成具有破坏作用的危险物。据说，在一次汽车比赛中，看见汽车风驰电掣般地从村边驶过，沿途的农民为了表示祝贺，便向车上的乘客投去香蕉、苹果等。结果，这些表达他们诚意的礼品却引起了很不愉快的后果：香蕉把汽车的车身砸坏，苹果落到乘车人员的身上，造成了严重的外伤。这颗颗礼物成了射向汽车的“炮弹”。

飞机场附近的鸟类太多，对飞机的安全也是一个危险的因素。如果飞机起飞时，恰好有一只鸟迎面飞来与飞机发生碰撞，除了鸟粉身碎骨之外，飞机的机身也将受到不必要的损失。试验证明，一只 0.45 公斤重的鸟撞在 800 公里 / 时的飞机上，能产生约 1500 牛的力量。因此，别小看了鸟儿，它们常常给飞机带来灾难性的撞击。正因为这样，预防鸟撞飞机就成了非常重要的事情。

利用运动的相对性，还可以帮助人们解决生产实践和科学实验中所碰到的一些问题。比如，人们在设计飞机的时候，需要知道所设计的飞机飞行时的各种性能。这就需要人们把所设计的飞机制成模型试飞。不过，要让制出来的模型在空中高速飞行是不容易的，也会有危险。因此，人们根据运动的相对性，设计了一种叫作“风洞”的实验装置，将飞机模型放在风洞中，让高速气流通过。这时如果以气流作为参照物，飞机模型就像在空中高速飞行一样。调节通过“风洞”气流的快慢，便可以测得在各种情况下飞机飞行的数据。而根据所测得的数据，便可以确定飞机的飞行性能了。

知识加油站

力的表示

力的作用效果与力的大小、方向、作用点有关。因此，把力的大小、方向、作用点叫作力的三要素。要准确地描述一个力，就必须把力的三要素表示出来。可以用一根带箭头的线段把力的三要素都准确地表示出来，这样的方法叫作力的图示。

这样用一根带箭头的线段就把力的大小、方向、作用点都表现出来了。

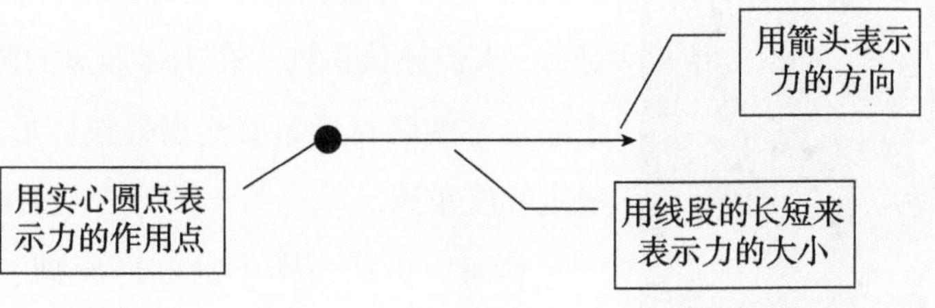

2.10 斜塔背后的物理原理

在意大利西北部的比萨古城，巍然矗立着一座已有600多年历史的古塔——比萨斜塔。比萨斜塔被誉为世界奇迹之一。1173年8月9日，比萨斜塔奠基。但是，动工五六年后，建好的三层塔就开始倾斜，中间曾经几度停工，历经178年才建成。谁知建成后的比萨塔仍然不停地向南倾斜。据资料记载，1829～1910年间，比萨塔平均每年倾斜3.8毫米；1918～1958年间，平均每年倾斜1.1毫米；1959～1969年间，平均每年倾斜1.26毫米。此后，比萨塔平均每年倾斜1.19毫米。现在，塔顶中心点偏离塔基中心垂直线5米多，然而至今并未倒塌。这是为什么呢？

回答这个问题之前，先来谈一个杂技。利用“倾斜造型”获得惊险感和美感，是中国传统杂技艺术的一大特色。例如在国内外享有盛誉的“单排椅造型”，动作惊险，造型美观，令人叹绝！演员将椅子由直立堆砌发展成斜叠的梯形，两脚悬空的椅子逐级斜叠上升，演员每人扣住一把，相互配合，在空中阶梯上一个个做挺拔的倒立，总的高度差不多已达7米，构成了一幅凤凰单展翅的美丽画面。

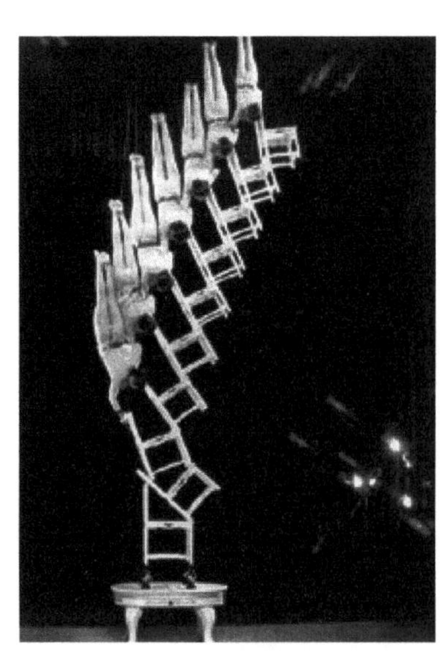

单排椅造型

这个节目的编排，既遵循力学的平衡原理，也符合审美法则，而前者则是构成审美法则的物理基础。从人们的习惯来看，对称平衡感似乎是形体视觉美的一个要素。因此，人类很早以前就习惯于把器物作成对称形体，认为这才是美；人们还认识到，在主体形象的两侧重叠地增添对称的陪衬形象就能增强整体形象的均衡、稳定和庄重感。

然而，自从力学中的杠杆原理、力矩平衡原理出现之后，人类审美法则的内容也大大丰富了。人们进一步认识到，在不对称形体上也可以得到美的感受，而且这种非对称平衡的形体美有时甚至比对称体更生动活泼。所以无怪乎美学家要说，比萨斜塔具有一种“激动人心的非对称美”，这个赞誉真是恰如其分。试想，如果把比萨斜塔彻底“纠斜”而变直，岂不要大煞风景！

比萨斜塔之所以至今并未倒塌，是因为这里受着牛顿力学中一条平衡原理——力矩平衡原理所支配。

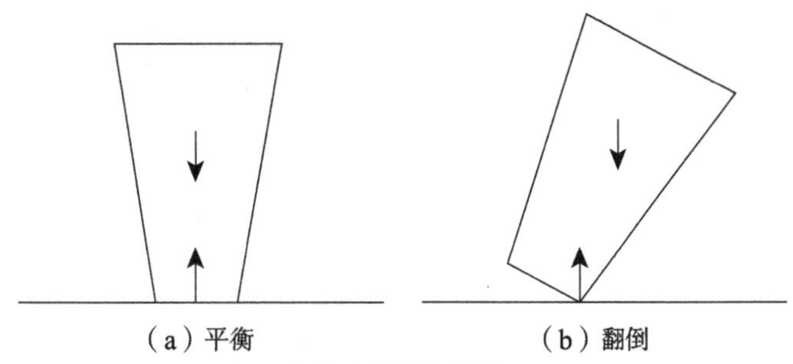

平衡与翻倒的判别

一个物体被支撑在另一个物体上时，支撑范围的大小，叫作支面；支撑范围是一条直线或一个点的话，则称为支线或支点。力学原理告诉我们，如果物体的重力作用线通过支面、支线或支点，物体就能平衡。因为，这时重力和支面的反作用力（支承力）都通过物体的重心，它们在同一直线上，大小相等而方向相反，故能使合力和合力矩都为零。但是，当重力作用线越出了支面（支线或支点）之后，重力与支承力就不再共线了，二者形成一个力偶，从而迫使物体绕着支点、支线或支面的一侧转动致使物体翻倒。力学上把这个力矩称为“倾覆力矩”。比萨斜塔之所以尚未倒塌，原因就在于塔身的重力作用线至今尚未越出塔基这个巨大的支面。但据科学家推算，比萨斜塔如果按现在的速度继续倾斜下去，过不了多少年恐怕就要倒塌了！

知识加油站

二力平衡

（1）力平衡

物体在受到几个力作用时，如果保持静止或者匀速直线运动状态，我们就说这几个力平衡。这几个力叫作平衡力。

从以上表述就知道，当物体受到平衡力的时候，只能是静止或者匀速直线运动状态。当物体处于静止或者匀速直线运动状态，它所受的力一定是平衡力。

（2）二力平衡

作用在同一个物体上的两个力，如果大小相等，方向相反，并且作用在同一条直线上，这两个力就彼此平衡。彼此平衡的两个力，它们的合力一定为零。

物体在平衡力的作用下运动状态不变，原来静止仍然静止，原来运动的做匀速直线运动。

（3）物体在非平衡力的作用下，运动状态将发生改变，即其运动方向或者速度大小将发生变化。由此又可看出，力的作用并不是产生运动，而是改变物体的运动状态。

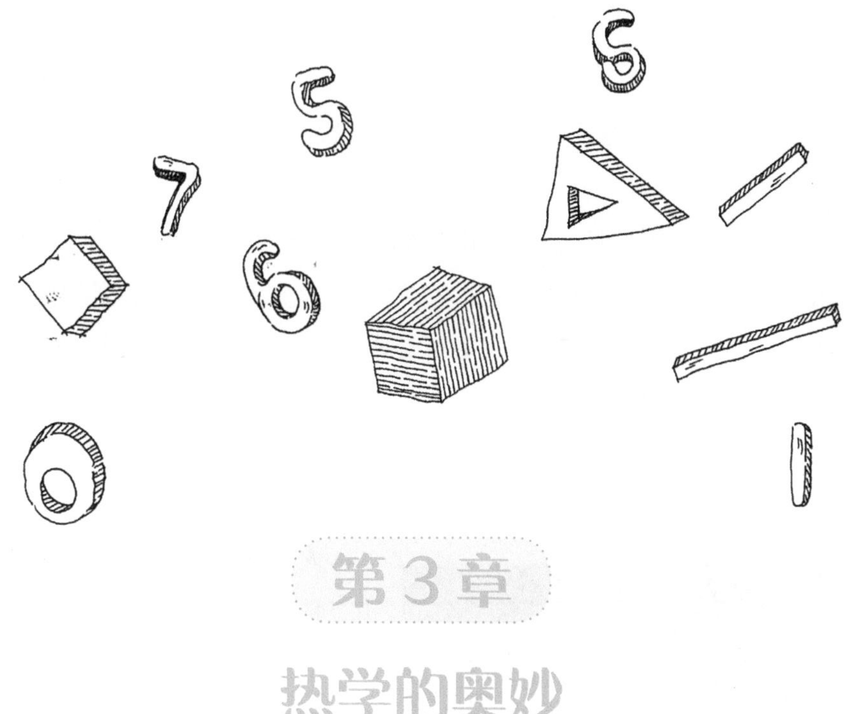

第3章

热学的奥妙

钻木取火使人们逐渐认识了许多热现象。然而，在古代社会生产力很低，人们对热的认识非常有限。直到18世纪前，人类对热现象仅有粗略的了解。18世纪初，正是资本主义发展的初期，人们遇到的热现象大大增多，因而人们掌握了许多关于热现象的知识。当时生产上需要动力，因而产生了利用热来获得机械功的愿望。于是，人们开始对热现象进行比较广泛的研究。19世纪中叶以后，热学的理论和实践都取得了突飞猛进的发展。

3.1 似是而非的“热素说”

世界上的事物就是这样，一些看起来很简单的问题，深究起来并不简单，关于冷热的问题就是如此。

冷与热是相对而言的，温水对开水来说是“冷”的，但对冰来说又是“热”的；南极洲记录到的最低气温是零下 94.7℃，可是它对所谓的绝对零度来说，却又是近 178℃的“高温”。如果从绝对零度算起，世间万物大都是“热”的。所以，我们谈起冷热来，常以一个“热”字代之。

热是什么？这个问题乍看起来不是很简单吗？可是人们却经过了几千年，才找到比较正确的答案。

带来光明和温暖的篝火

人类有史以来就一直和热打交道，特别是在学会用火以后，就更与热分不开了，可是从上古直到十八世纪以前，还没有人能回答热到底是什么这个问题。当然，这并不是说，过去没有人注意这个问题，还是在茹毛饮血的年代，人们围坐在篝火旁，火烤胸前暖，风吹背后寒，也许产生过许多关于热的遐想：多么奇妙的热啊！它到底是什么呢？后来的人也必然想弄清热的真相，但由于古代和中世纪生产及科学还不够发达，当时人们积累起来的知识还不够丰富，对热只能从宏观的角度了解其现象，还未能深入到它的本质。

直到十八世纪，人类进入了一个文明发展的新阶段，蒸汽机的隆隆声打破了往日的沉寂，提供热量的煤大量地从地下开掘出来，航海和贸易也发展起来了，这就迫使人们对水蒸气和其他物质的热性质做深入的研究，从本质上回答热是什么的问题，人们得出的第一个答案就是曾风行一时的“热素说”。

有抗生素、维生素、叶绿素……可从未听说过“热素”，“热素”是什么呢？

据说当时人们认为：“热素”是一种特殊的没有重量的流动物质，也叫“热质”，热就是由这种“热质”构成的。“热素”无处不在，无孔不入，它既能和物体结合起来，潜伏在物体中，不影响物体的温度，也可在物体中处于自由状态，使物体的温度有所增减。看来，“热素”这玩意真有点像西游记里神通广大的孙悟空，它有分身法，到处都有它的行踪；它会筋斗云，能钻天入地，在世间万物里穿行；它有隐身术，能藏在物体中，不动声色，时而又突然出现，人们却难以捕捉它的蛛丝马迹。

“热素说”认为：物体的冷热，完全是由内部所含自由状态的“热素”的多少来决定的，这种“热素”越多，物体就越热。“热素”还有一个只能从较热的物体流向较冷物体的性质，就像水只能从高处流到低处一样。自然界中始终存在着那么多的“热素”，既不能消灭，也不能创生，“热素”是守恒的。

这些就是“热素说”的基本内容，似乎有些道理，但也有些玄虚。当时曾用这种学说解释了一些热学问题，譬如：热的传递问题，物质液化和气化所需的“潜热”问题，并导出了沿用至今的热量单位“卡”，因此在十八世纪初期，“热素说”颇为流行，得到不少自然科学家的承认。

可是，也有一些人持有疑义，在对“热素说”保持独立见解的人当中，应当提到伟大的俄国学者罗蒙诺索夫，他一开始就否认“热素说”的正确性，在他的论文中曾这样写道：“我首先说明，亚里士多德之火，或者按着某些新学者的说法，所谓特殊的热质，说这种热质是由一个物体走入另一个物体，这是完全没有道理的，这种说法完全是虚构的，我断言，火和热就是构成物体的微小部分的旋转运动，特别是物质本身的旋转运动。”按着现代的说法，物体的微小部分不一定都在做旋转运动，但他却把热和运动联系起来了，给人们指出了寻找热的根源的正确途径。罗蒙诺索夫的思想开始只是理论上的阐述，要得到普遍的承认，尚待实践的证明。

知识加油站

热传递

温度不同的物体互相接触，高温物体将放出热量，温度降低；低温物体将吸收热量，温度升高。这个过程叫作热传递。

热量是对应于热传递过程而言的，是热传递过程中内能转移的多少。因此，不能说物体“具有”或“含有”多少热量，只能说“吸收”或“放出”了多少热量。

3.2　来自实践的挑战

你可能见过大炮，揭开炮衣，就可以看到修长乌亮的炮管。现代的炮管是在钢铁厂直接铸造成型的，可是在十八世纪，炮管的制造远非这么简单。那时的炮管常常是用实心的金属柱子硬钻出来的，在当时的条件下，简直是一件耗功费力的事情。

假如我们能到当时制炮的现场去参观，就可以看到：人们将待加工的金属柱子固定在水中，这是为了散热，用马带动着很钝的钻头，在金属柱上钻削加工，铁屑一点点地掉下来，金属柱子很快热得发烫，致使周围的水温度升高，呼呼地冒着热气……

在德国巴伐利亚市的一个制炮厂里，有个出名的技师，他叫本杰明•汤普森，原是美国人，受聘来到这里。

汤普森是一个善于观察、喜欢思考的人，钻铁生热这极平常的现象，引起了他的关注。他发现钻头越钝，钻削量越少，发热越多；炮膛钻得越深，产生的热量也越多。随着钻削加工的进行，热几乎可以无限制地产生出来。他曾做过这样的实验：用一个钝的几乎不能钻削的钻头来加工，观察发热情况，竟能在 2 小时 45 分钟内，使 18 磅左右的水沸腾起来。

按着“热素守恒”的观点，钻头和金属柱子原有的“热素”应该是一定的，在钻削加工时不应该减少或创生，可是事实却偏偏与此相反，“热素说”遇到了来自实践的挑战。

汤普森经过反复地实验和分析，终于在 1798 年公布了他的研究结果，他确认：热并不是一种“热质”，而是一种运动形式，他曾这样写道：“在推敲这个问题时，我们不能忘记，摩擦所生的热的来源似乎是无穷无尽的，不用说，任何与外界隔绝的一个物体或一系列物体所能无限地、连续地供给的任何东西，绝不可能是具体的物体。起码，凡是能够和这些实验中的热一样地激发和传播的东西，除了只能把它认为是‘运动’之外，我似乎很难承认把它看作为其他东西的任何明确的观念。”

汤普森用实验的方法，有力地支持了罗蒙诺索夫的观点，批判了“热素说”，从而震动了科学界。事过一年以后，戴维以另一个实验支持了汤普森的结论。人们都知道要把冰化成水是需要热量的，如果用加热的方法使冰融化，这正好符合了“热素说”的观点。可是戴维用的是另一种方法：他取两块冰，在保持周围环境温度为零下 2℃时，互相摩擦，同样使冰化成了水，水温为 2℃，这里所需的热量是从哪里来的呢？“热素说”同样无法解释，看来，热确实不是由什么“热素”构成的，而是一种可由机械运动转化来的能量。

焦耳

热与运动直接相关，这是确定无疑了，可是热与运动的数量关系又如何呢？为了解决这一问题，人们做了大量实验，其中最为有名的算是英国物理学家焦耳了。他动了不少脑筋，想出了不少办法，并互相验证：用叶片搅动水的方法、撞击的方法、膨胀和压缩的方法，当然还有用电生热的方法，他都分别试过了。前后经过了二十多年的时间，他终于找到了机械能转化为热能的定量关系——热功当量：一卡的热量相当于 4.157 焦耳的功，这与我们现在采用的热功当量的数值 4.1868 焦耳 / 卡，已经十分相近了。正是由于他在热学中的卓越贡献，在第九届国际计量代表大会的决议中，明确规定以他的名字作为功的单位“焦耳”。他还同时发现了被称为热力学第一定律的能量转化守恒定律，这就彻底地宣告了“热素说”的破产。

至此，人们已经认识到热是一种运动形式，是物体之间相互传递的一种能量，它与其他形式的能可以相互转换，在认识热的漫长历程中，真正迈出了较大的一步。人们对于热的这种在宏观上的认识是令人满意的，而热到底是一种什么样的运动呢？这还要到微观世界中去找答案。

知识加油站

热量的计算

（1）基本公式

在没有发生物态变化时，物体由于温度变化所吸收或放出的热量的计算公式为 $Q=cm\Delta t$。其中 c 为比热容，m 为质量，Δt 表示物体温度升高或降低的度数，即温度的变化量。从以上说明可以看出物体吸收或放出热量的多少是由物体的质量、比热容以及温度变化量这三个量的乘积决定的，与物体本身的温度高低无关。

（2）变形公式

公式 $Q=cm\Delta t$ 可按物体吸热或放热写成两种形式

① 吸热公式：$Q_{吸}=cm\Delta t_{升}=cm(t-t_0)$，此时 $t>t_0$；

② 放热公式：$Q_{放}=cm\Delta t_{降}=cm(t_0-t)$，此时 $t_0>t$。

式中，$\Delta t_{升}$、$\Delta t_{降}$分别表示物体升高、降低的温度；t_0 表示物体的初温；t 表示物体的末温。使用的过程中，还要注意取国际单位。

3.3　推动微粒运动的“隐身人”

在一台粗劣的显微镜下，有人在观察什么？啊！原来他正在研究一种浸在水里的植物的花粉微粒。这种微粒实在小得可怜，直径只有万分之几英寸，不借助显微镜，是无论如何也看不到它们的个体的。这个人就是英国生物学家布朗，他曾这样描写他的实验：“当研究浸在水中的这种微粒的形态时，我发现，其中很多的微粒显然是在运动中。这些运动使我确信，它既不是液体的流动产生的，也不是液体的逐渐蒸发产生的，而是属于微粒本身。”

这种现象引起了布朗的极大兴趣，他曾研究了大量的物质，其中包括从埃及的狮身人面像——斯芬克斯身上得来的碎屑。他发现每一种实验物质，都存在着这种运动，后来人们就把这种运动叫作“布朗运动”。

布朗

这些微粒为什么莫名其妙地动来动去呢？是谁推着它们来回跑呢？这在当时可真有点神秘的色彩，很多名流、学者都投入到这一研究工作中，有人认为这是由于液体中各部分温度不同引起的，不对；有人认为这是光的作用，也不对；有人认为这是一种化学作用，还是不对；就连布朗本人也被弄糊涂了，只是以他生物学家的眼光认为：“所有的有机和无机物质中，都存在一种生命的基本形式。”当然这也是错误的。

后来，还是发展起来的分子学说和原子学说帮了大忙，直到人们把这种现象跟分子的运动联系起来，才揭开了这一科学之谜，原来推动这些微粒运动的“隐身人”不是别人，正是运动着的液体分子本身。

分子怎样推动微粒作无规则运动呢？你可能见过一群蚂蚁拖着比它们的身体大许多倍的食物的情形：拉过来，推过去，老半天也动不了多远，那些“大力士”们有的往前拉，有的往后拖，往前拉的多，食物就往前移动，往后拖的多，食物就往后移动，也有时向左或向右……布朗运动的情况跟这差不多，如果把微粒比作食物，那么，运动着的分子就像是一大群蚂蚁，不过，这里不是“拖”而是“拉”。

别看液体是均匀透明的，但它也是由无数看不见的分子组成的，这些分子无时无刻不在做无规则运动。被观察的微粒已是足够小了，但是分子还要比它小上千百倍。运动着的分子从四面八方撞击着这些微粒，来自各个方向上的撞击是不可能相等的，这就必然使微粒失去平衡，哪个方向受到的撞击多，微粒就顺着这个方向运动。显然，微粒运动的方向也在不断地改变着。

而且，人们早已观察到：粒子运动的快慢和液体的热状态密切相关。液体越热，微粒的运动也越激烈，这就表明液体内分子的运动也具有这种性质，液体越热，分子的运动也越激烈，就像热锅上的蚂蚁一样。于是人们就把分子的这种无规则运动叫作热运动。从此，人们把热现象和分子运动紧密地联系起来了。

分子的热运动解释了布朗运动，布朗运动也证明了当时还看不见的分子确实在运动着，并与温度密切相关，从而揭示了热的微观性质。

到了 19 世纪 40 年代，英国物理学家格洛夫等人，在总结前人对热的研究成果的基础上，对热的本质作了科学的总结，提出了热的“唯动说”。

“唯动说”认为：组成物质的分子不断地无规则地运动着，这就是热运动；这种运动越激烈，物体就越热，温度就越高；分子既然在运动着，就必然和宏观现象的规律一样，具有动能，物体的冷热状态是直接由物体内部分子的平均动能决定的，平均动能越大，物体就越热，温度就越高。所以说用来衡量物体冷热状态的温度，是物体内分子运动的平均动能的量度。

以水为例，1 克水里大约有 3.3×10^{22} 个水分子，我们无法一个个地计算它们的动能，只能用统计的方法研究它们的运动。于是人们在研究热的微观性质的同时，开辟了一门新的学科——统计物理学，后来发展成为 20 世纪的原子物理学。

随着科学技术的发展，人类的认识也在不断深化，微观世界的奥秘不断地被揭示出来。现在，人们已经认识到，热运动不仅限于分子，全部的微观粒子（分子、原子、电子……）都与热运动有关。按现在的观点，热运动应是大量微观粒子的无规则运动，这种运动决定了物体的冷热状态，所以说，热是大量微观粒子（主要是分子）无规则运动的集中表现，而用来表示物体冷热程度的温度则是这些微观粒子（主要是分子）无规则运动的平均动能的量度。这就是今天人们对热的本质的微观认识。

知识加油站

内能

（1）布朗运动表明，组成物体的分子都在永不停息地做无规则运动，而且温度越高，分子的无规则运动越剧烈。人们通常把物体内大量分子的无规则运动称为热运动，分子因热运动而具有的动能称为分子动能。

（2）组成物体的分子之间存在着相互作用力。由于分子之间的相互作用而具有的势能称为分子势能。

（3）物体内部所有分子做无规则运动的动能和分子势能的总和，叫作内能，也叫作热能。内能是能量的形式之一，单位也是焦耳。

3.4　一度是以什么标准定出来的

测量长度以米为单位，长度原是以保存在巴黎国际计量局的米原器为标准的，现在已改用光波的波长来定义；测量质量以千克为单位，以国际千克原器为标准；测量时间以秒为单位，时间的原始基准是由地球自转和公转确定的，现在改用以原子跃迁的周期来定义。人们都知道：测量温度以度为单位（当然，有各种各样的度），那么，一度是怎样定出来的呢？又以什么为标准呢？

在伽利略的年代，不同的人制造的温度计都有不同的刻度，你的一度、我的一度、他的一度都不一样。这样的温度计只能用来比较物体温度的高低，无法给出温度的客观数值。例如，对于同一物体的温度来说，有的温度计测可能是十几度，而有的温度计可能是几十度……

温度的这种混乱状态，人们感到极大的不便，给生活、生产以及国际交往带来很多麻烦，人们迫切需要一个大家公认的温度标准。

要建立科学的温标可不是一件容易的事情，首先必须寻找一些固定的便于复现的温度点，这就是确定温标的“标杆”。已经知道，物质在相变过程中，不仅伴随着吸热和放热现象，而且还可以保持混合体的温度不变，譬如冰的融点、水的沸点、银的凝固点等等。人们正是利用了这些天然的恒温点作为确定温度的“标杆”。

要确定固定点间的温度，对“温度标杆”之间的间隔进行分度，还必须借助于良好的测温仪器，这就是一些高灵敏、高稳定的温度计。由于每一种温度计都只能在一定的温度范围内起作用，所以常常选用多种温度计分段作为复现温标的标准。

1714 年，华伦海脱首先选用冰和氯化铵的混合物作为温度的零点，以老式的水银温度计来指示温度，根据这种温标测得的人的体温竟达 96 度之高，这当然是不实用的。后来他又选用人们熟悉的冰融点和水沸点两个恒定的温度点作为两根“温度标杆”，还是用水银温度计进行分度，他把水银柱在这两个温度点间的变化分为 180 格，每一格叫作一度，这就是后来的华氏度，以℉表示。这里他并没有把第一个温度点（冰融点）定为零度，而是定为 32℉，再加上 180 个分度，在第二个温度点（水沸点）就是 212℉了，这就是世界上第一个有实用价值的温标——华氏温标。

1742 年，摄尔修斯用同样的温度计，选用同样的两个原始分度点，建立了所谓的摄氏温标。他把冰融点和水沸点之间刚好分成 100 个格，每一格就是摄氏一度。他也没有想到把冰的融点定为零度，而是完全弄颠倒了，把温度较低的冰融点定为 100 度，那么水沸点就是零度了。这么说，越热的物体温度就越低了，当然这不符合人们的一般习惯。直到后来，他的助手斯托玛把颠倒的决定又颠倒过来，才使摄氏温标成为一种非常实用的温标，摄氏度以℃表示。

由于摄氏温标使用起来非常方便，故一直沿用至今。我们生活中所说的温度一般均用摄氏温标。譬如天气预报中说的今天的气温多少度，如不另加说明，我们就知道指的是摄氏温度。摄氏温标已和人们的生活、生产结下了不解之缘。

还有一种列氏温标，它是这样确定的，也是选取冰融点为零度，而水沸点却定为 80 度，二者之间等分为 80 格，每格就是列氏一度，以°R表示。

这些温标都是最原始的初级温标，统称为经验温标。经验温标有两个明显的缺点：首先是定义有很大的随意性，并与所选用的标准温度计的工作物质有很大关系，其温度数值仅在两个固定点是准确的，中间等分的各点就不太准确了；经验温标的第二个缺点是定义的范围有限，如水银温度计的下限仅达零下 39℃左右，上限一般只能达到五、六百摄氏度。再高，水银就要沸腾、玻璃就要软化了。显然，经验温标不能满足科学技术发展的需要，人们就去寻找更科学的温标了。

人们在研究热机效率时发现：热机的效率与加热器及冷却器的温度有密切关系，加热器的温度越高，冷却器的温度越低，即温差越大，热机的效率就越高。如果忽略掉一些次要因素，如摩擦等，则可以写出下面的公式：

$$T_1/T_2=Q_1/Q_2$$

这个式子说明高温热源温度 T_1 与低温冷却器温度 T_2 之比，等于热机从高温热源所吸收的热量 Q_1 与向低温冷却器放出的热量 Q_2 之比。在这里，温度值仅与热量有关，而不受工作物质的影响，是十分理想的，用这个理论公式所定义的温标就是热力学温标。物理学家开尔文于 1848 年首先提出了热力学温标，所以有时也把热力学温标称为开氏温标，以°K表示（1968 年以后改为以 K 表示）。

开尔文

开氏温度标度是用一种理想气体来确立的，它的零点被称为绝对零度。根据动力学理论，当温度在绝对零度时，气体分子的动能为零。为了方便起见，开氏温度计的刻度单位与摄氏温度计上的刻度单位相一致，也就是说，开氏温度计上的一度等于摄氏温度计上的一度，水的冰点摄氏温度计为 0℃，开氏温度计为 273.15 °K。

目前，国际上已经公认热力学温标是最科学、最基本的温标。一切温度的测量，最终都应以热力学温标为准，热力学温标是温度计量的一个理论基础。

知识加油站

使用温度计时应注意的问题

（1）正确选用合适量程：每支温度计都具有一定的测量范围，使用时不得超出它的测量范围，否则温度计里的液体可能将温度计胀破，或者测不出温度值。因此，先估计待测物体的温度，再选用合适量程的温度计。

（2）正确操作：温度计的玻璃泡要与被测物体充分接触；当被测物体正在加热时，温度计的玻璃泡不要与被加热部位靠得太近；温度计玻璃泡壁很薄，容易损坏，使用时要轻拿轻放，更不能用温度计去搅拌液体或跟坚硬物体碰撞。

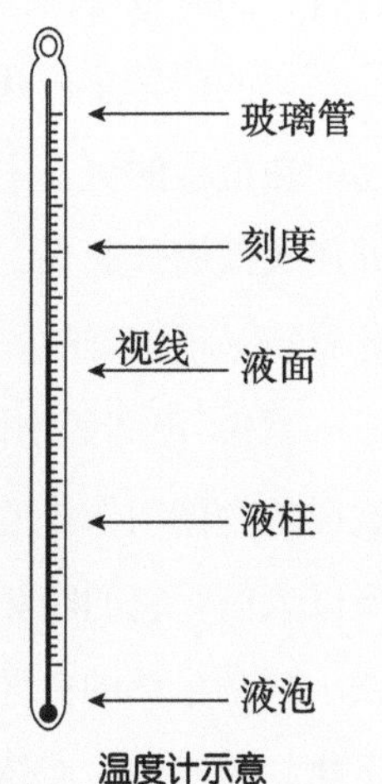

温度计示意

（3）正确读数：等到温度计的示数稳定后再读数，读数时玻璃泡要继续保持与被测物体接触，视线与温度计中液柱的上表面相平。

3.5 热的传导旅行

热是出色的旅行家，它可以穿山过海、钻天入地，在世间万物和广袤无垠的宇宙间遨游，热总是由高温物体跑向低温物体，由于温度差是普遍存在的，所以热的旅行也总是不停歇地进行着。

烧火烙饼

人的旅行可以安步当车，也可以借车辆、舟楫之便，热的旅行也有它特定的方式。例如我们在烙饼的时候，火并没有直接与饼接触，可不一会饼就烙熟了，这是因为热通过煎锅来到饼上；手拿一根铁棍插在炉子里，过一会手就感到发烫，这是因为热从铁棍较热的一端来到较冷的一端。热的这种从温度较高的物体直接传到温度较低的物体，或由一个物体的温度较高部分传到温度较低部分的旅行方式，叫作热的传导。这是热的最直接、最简单的旅行方式。这种热的旅行并不只是在固体中进行，同时也可在液体和气体中进行。

热的传导旅行并不是一帆风顺的，有时是大路坦途，有时是山路崎岖。在上面加热铁棍的例子中，热的旅行就进行得很顺利，而如果把一根木棍插到炉子里，即使头部燃烧起来，握着另一端的手也不会感到热。这说明热在这种材料中的传导旅行是很困难的。

看来，不同的物体对热也有“亲”有“疏”，“亲”的物体，可以顺利地让热通过，这样的物体叫作热的良导体；“疏”的物体不易让热通过，好像跟热没有“缘分”，所以人们管它们叫热的绝缘体或不良导体。各种金属材料，譬如金、银、铜、铝、铁……都是热的良导体，而竹、木、石棉、塑料、棉花、玻璃等非金属材料，都是热的绝缘体，液体（除水银外）和气体也是热的不良导体。

热在不同物质中究竟是怎样进行传导的呢？这种传导当然不是什么“热素”的流动，而是热的传递过程。物体高温部分的各种粒子的平均动能较大，它们就要不断地碰撞邻近的低温部分的粒子，同时把动能的一部分传给这些低温粒子，这部分动能再以同样的方式向下传递。这就像我们运砖一样：一种办法是每个人都拿着砖从甲地走到乙地，人和砖都经过一个行程。另一种办法是，人们排成一列，一个接一个地把砖从甲地运往乙地，人的位置并没有动，可是砖却从甲地传到了乙地，热的传导就与后一种情况类似。

那为什么不同的物质有不同的导热能力呢？这是因为在不同的物质中，热的“传递者”各不相同。我们先从最不易导热的气体说起。在气体中，热的“传递者”就是气体分子，也就是说，热是靠气体分子的相互碰撞来传递的。由于气体的密度很小，分子间的距离很大，单位体积内动能的“传递者”少，碰撞的机会也少，因此气体传热的本领最差。

热在液体中传递时，动能也是靠分子来传递的。液体分子间的距离比气体小多了，因此分子间的引力就大得多，它们只能在一定位置附近振动，它们的活动能力虽然减弱了，但由于液体的密度较大，单位体积的热能“传递者”较多，碰撞的机会增加，因此它的导热本领还是比气体强些。

不同固体由于结构不同，热传导的能力差别很大。

热的不良导体——非金属材料，虽然由于物质密度的增加，导热能力比液体有所增加，但是由于材料中的粒子和晶格都处在约束状态，传热的本领较弱，所以它比金属的导热本领差得多。

在热的良导体金属材料中，情况就不同了。金属晶体内有很多自由电子，它们活动受到的约束很小。受热时，它们的活动很激烈，互相碰撞，所以导热本领很强。

知识加油站

热力学第一定律

热力学第一定律的内容是：物体内能的改变，是做功和传热的结果。

热力学第一定律可以认为是能量守恒的一种表达方式。在能量守恒的条件下，来考虑内能和做功以及热的传递这两种作用之间的关系。上述的三个量值是关联在一起的。我们不能改变他们当中的两个而不影响到第三个。热力学第一定律就叙述了内能、功和热之间的关系。

热力学第一定律也可用下式来表示：

$$\Delta U=W+Q$$

式中，ΔU 代表内能变化量；W 表示外界对物体做的功；Q 表示外界传递给物体的热。

热力学第一定律概括了上述三个量之间的关系。例如，如果对一个物体做功，并把热传递给该物体，那么，该物体的内能必然增大。

3.6 热量坐上了“对流车”

液体是热的不良导体，那么，把液体的水放在烧水壶里，再把壶放在炉灶上，过不了多久，水就烧开了是怎么回事呢？原来在烧水的过程中，热采取了一种新的“旅行”方式。

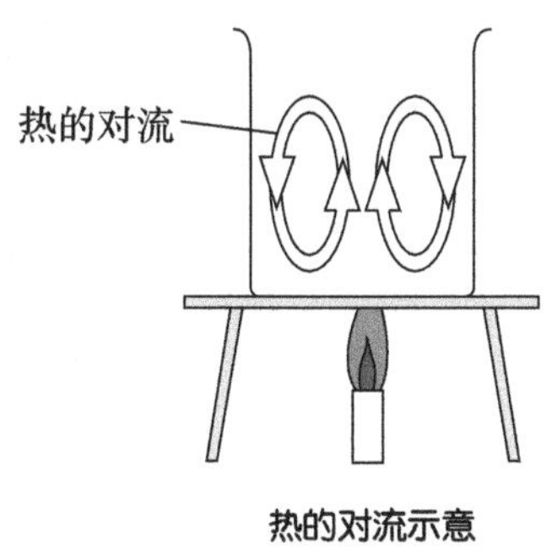

热的对流示意

在烧水的过程中，热先通过壶底传给壶里最底层的水，这些水受热后就发生了膨胀，体积增大了，密度减小了，就要上升；而上面的水没有受热，密度较大，就要沉下来填充最底层上升的水的位置，这就形成了水的上下流动。把壶底的热量散布开来，达到沸点，水就开了。热的这种靠流体的流动来“旅行”的方式叫作热的对流，这种方式，在气体中也可顺利进行。

热对流的实质是：由于流体受热，分子运动加剧，平均动能增加，流体的体积膨胀，密度减小，因而上升。周围较冷的，密度较大的流体马上进行补充，反复循环流动，进行热能的交换。如果把热的传导看作是“步行”，那么，对流这种方式就是“坐车”了，坐流体流动的“对流车”。

上文介绍的都是由于流体各部分温度不同而引起的对流，这叫作自然对流。在自然界中，自然对流是普遍存在的，地球周围的大气就是一刻不停地进行着自然对流，也叫“大气环流”。地面上有时和风徐徐，有时狂风四起，这都是“大气环流”的精彩表演。大气环流会给我们带来寒潮、热浪，甚至暴雨成灾，对地球上的气候有着极其重要的影响。

与自然对流相对应的还有一种强制对流，强制对流是在外力的强制作用下进行的，热也可以借助于强制对流来“旅行”。在闷热的夏天，人们扇扇子就是最简单的强制对流。扇扇子时，用人力迫使周围的空气在小范围内对流，让运动的空气带走我们身上的一部分热量，使人感到凉爽。

在工业设备中，有些部件在高温下工作，必须及时散热，才能正常运转。人们有时用鼓风机强迫空气流动，带走热量，这就是“风冷”；有时用水泵强迫水流过散热器，使热大量散失，这就是“水冷”。在普通的加热式恒温箱中，为了使恒温空间内的温度均匀，也常采用强制对流的方法，搅动恒温空间的空气，使空间的空气进行热交换，达到温度均匀的目的。

知识加油站

机械能转化和守恒定律与能量守恒的区别

机械能的转化是指一个物体的动能和势能之间的相互转化。在转化过程中，如果机械能没有转化为其他形式的能量，也没有其他形式的能量补充，则机械能的总量将保持不变。例如，一个物体沿光滑斜面下滑时，物体的势能转化为物体的动能，而总的机械能守恒；如果在转化过程中有能量损失或者有其他能量的补充，机械能就不再守恒，因此机械能的守恒是有条件的，即机械能没有转化为其他形式的能量，也没有其他形式的能量补充。

不管机械能是否守恒，转化过程中的总能量是一定不会发生改变的。机械能转化和守恒是能量守恒的一种特殊情况。

3.7　太阳的热怎样来到地球上

1903 年，“高斯号”考察船为了探索人迹罕至的南极洲的秘密，驶进了南极。不巧，正遇上了大风雪，这艘船被冻结在茫茫的冰海里了，欲进不能，欲退无路，船上的人都非常着急。他们绞尽脑汁，想了很多办法，有人想用炸药炸，有人想用锯子锯……然而都无济于事。这时他们想起了在中学时就学过的物理知识，请太阳公公来帮忙，最后才摆脱了困境。他们是怎么做的呢？他们把收集起来的黑灰和煤屑铺在冰面上，铺了 2 公里长、10 米宽，从轮船边上铺起，一直铺到冰的一条大裂缝上。当时正遇上几个好天气，黑灰和煤屑吸收了大量的太阳热后，下面的冰层便融化了，高斯号脱险了。

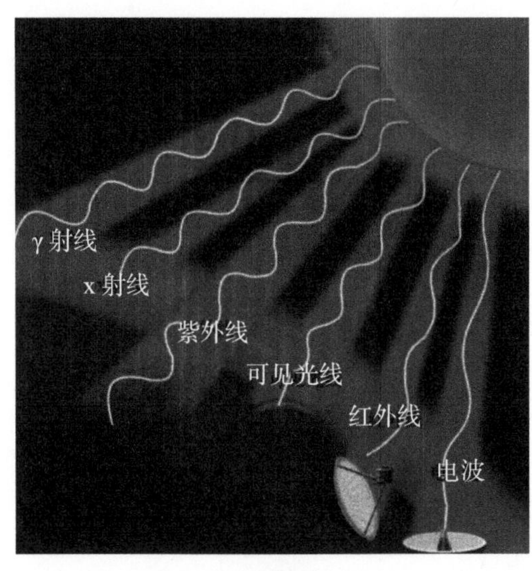

太阳辐射

太阳的热是怎样来到地球上的呢？靠热传导吗？不行，太阳与地球的平均距离差不多有 1 亿 5000 万公里之遥；靠对流吗？不行，太阳和地球之间是茫茫的宇宙空间，根本没有空气。但是，没有任何人怀疑太阳给我们地球带来了光和热，这就是说，热确实可以不借助任何媒质，在空无一物的空间里“旅行”了，这就是热的第三种“旅行”方式——辐射。热的辐射实际上是借助于热的射线来完成的。

在热的辐射中，较热物体先将热能转变为辐射能，以射线的形式向周围传播。当热射线到达另一物体后，再全部或部分地把辐射能变为热能而被物体所吸收。太阳表面有 6000 开氏度的高温，在它的中心竟达 1500 万开氏度，它那巨大的热能就是通过这种辐射的方式源源不断地来到地球上，给地球上的万物带来了生机。

一般说来，物体的温度只要在绝对零度以上，都能进行热辐射，因而辐射能不仅由较热物体转移给较冷物体，也可以由较冷物体转移给较热物体，但由于较热物体辐射出的热能比较冷物体辐射的热能大得多，所以通常总是认为由较热物体向较冷物体辐射热量。

热的辐射有极高的速度,与光速相当。如果说传导是“步行”,对流是“坐车”,那么，热辐射就是“乘光子火箭”了。

热的辐射与什么条件有关呢？首先是物体温度的高低。温度越高，辐射热的本领越大。另外与物体的颜色和表面的光洁程度也有关，物体的颜色越黑、表面越粗糙，辐射热的本领就越强，白色光滑的物体是不善于辐射热的。

一般说来，热辐射本领强的物体，吸收辐射热的本领也强，也就是说，表面颜色深又粗糙的物体吸收辐射热的本领强，而白色光滑的物体吸收辐射热的本领差。“高斯号”之所以得救了，就是利用了黑灰和煤屑易于吸收辐射热的原理。

知识加油站

比热容

（1）比热容是单位质量某种物质温度升高（或降低）1℃时吸收（或放出）的热量。“单位质量”一般指 1 千克。

（2）比热容的国际单位是焦 /（千克·摄氏度）涉及热量、质量、温度，是由这三个单位复合而成的，应注意读写方法及意义。

（3）比热容是反映物质特性的物理量，它反映的是单位质量的某种物质吸热（或放热）而引起温度变化的特性。

（4）每种物质都有自己的比热容，不同物质的比热容一般是不同的，即使是同种物质，状态不同时，比热容也不相同。

（5）物质的比热容可以由质量、温度的变化量、吸放热的多少共同度量，但比热容本身并不随物质的质量、吸放热的多少以及温度变化量的变化而变化，所以可以通过比热容来鉴别物质的种类。

3.8　待解的“姆潘巴问题”之谜

夏天，有不少同学喜欢做冷饮吃。你不妨试一下，把一杯热牛奶和一杯冷牛奶同时放入冰箱，看一看，哪一杯先结冰？结果会让你大吃一惊的。

1963 年，坦桑尼亚马干巴中学三年级的学生姆潘巴经常与同学们一起做冷饮，他们总是先把鲜牛奶煮沸，加入糖，等冷却后倒入冰格中，再放进冰箱的冷冻室内冷冻。因为学校里做冷饮的同学多，所以冷冻室的空间一直比较紧张。有一天，当姆潘巴来做冷饮时，冰箱冷冻室内放冰格的空位已经所剩无几了，姆潘巴急急忙忙把牛奶煮沸，放入糖，等不得冷却，立即把滚烫的牛奶倒入冰格里，放入冰箱的冷冻室内。过了一个半小时后，姆潘巴发现他的热牛奶已经结冰了，而其他同学先放进去的冷牛奶还只是液体，没有结冰，这个现象使姆潘巴惊愕不已！

他去请教物理老师，为什么热牛奶反而比冷牛奶先冻结？老师的回答是：“你一定弄错了，这样的事是不可能发生的。”后来姆潘巴进了高中，他向物理老师请教：“为什么热牛奶和冷牛奶同时放进冰箱，热牛奶先冻结？”老师的回答是：“我所能给你的回答是：你肯定弄错了。”当他继续提出问题与老师辩论时，老师讥讽地称之为“姆潘巴的物理问题”。姆潘巴想不通，但又不敢顶撞老师。

后来，一个极好的机会终于来了。达累斯萨拉姆大学物理系主任奥斯波恩博士访问该校，做完学术报告后回答同学们的问题。姆潘巴鼓足勇气向他提出问题：“如果取两个相同的容器，放入等容积的水，一个水温为 35℃，另一个水温为 100℃，把它们同时放入冰箱，100℃的水先结冰，为什么？”奥斯波恩博士的回答是：“我不知道，不过我保证在回去之后亲自做这个实验。”结果他和他的助手做了这个实验，证明姆潘巴说的现象属实！这究竟是怎么一回事呢？

后来，姆潘巴和奥斯波恩博士两人撰写了一篇文章，在文章中做了第一次尝试性解释。后来许多人在这方面进行了大量的研究，发现这个看起来很简单的问题，实际上要比我们设想的复杂得多，它不但涉及物理上的原因，而且还涉及微生物作为结晶中心的生物作用问题。虽然许多人从观察到的现象进行分析，得出了一些结论和解释，但要真正解开“姆潘巴问题”之谜，对其做出全面而令人满意的结论，还有待进一步探索。

知识加油站

物态变化

物质从固态变成液态叫熔化；物质从液态变成固态叫凝固。物质从液态变成气态叫汽化；物质从气态变成液态叫液化。物质从固态直接变成气态叫升华；物质从气态直接变成固态叫凝华。其中吸热的是：熔化、汽化、升华；放热的是凝固、液化、凝华。

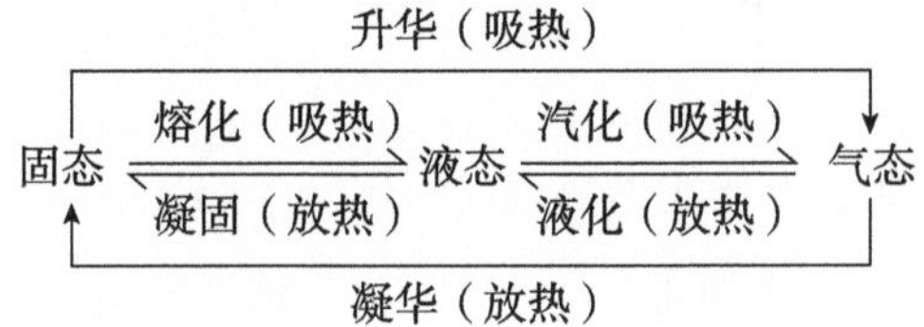

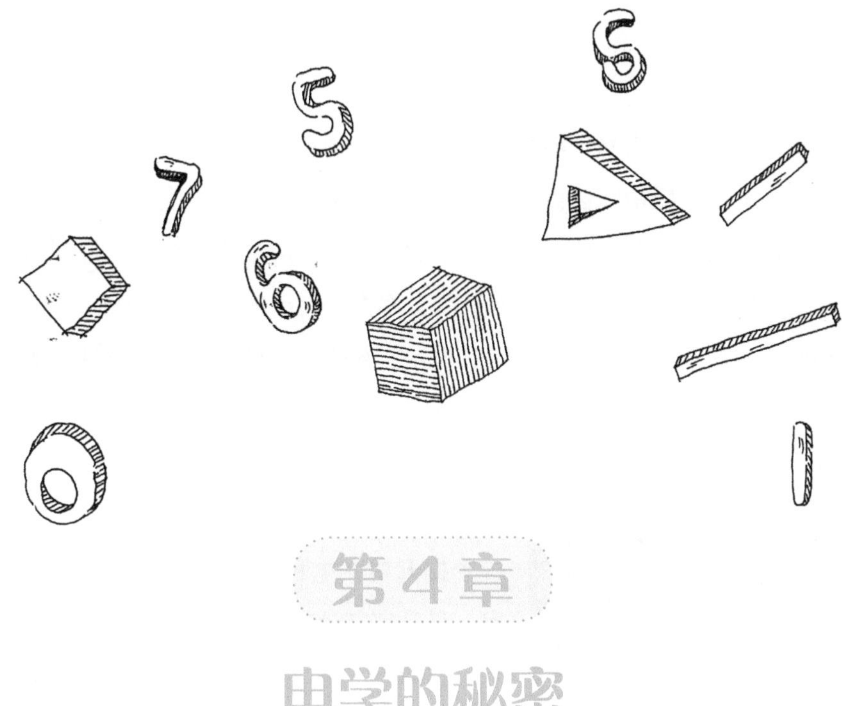

第4章

电学的秘密

有这样一种东西，它有各种各样的本领，它能照明、能烧饭，能开机器、开车子，还能传递消息。它的行动很快，汽车、火车、飞机都赶不上它，几千里的路程，用不了一秒钟就走到了。它无处不在，工厂、矿山、城市、乡村，都可以见到它工作的情形。它是一个忠实、万能的工人，它的名字就叫“电”。

4.1 舍生忘死探索雷电

风雨交加、电闪雷鸣，随着一道刺目的光华划破天际，震天动地的鸣响在天空中回旋，有时人或动物会被这爆炸性的闪光击死，植物、建筑物也会被击垮和焚烧。古代的人们十分害怕这大自然中的神灵，一向都认为雷、电是神的意志的体现，是不可抗拒的力量。不同的民族，都根据自己的实践和想象，为雷、电的神灵塑造了各种不同的形象。我们的祖先信奉的是尖嘴的雷公与电母，他们的形象使人望而生畏。

闪电

雷、电果真如此厉害不可抗拒吗？这得研究研究，摆脱了迷信的科学家都这么想，而第一个揭开雷、电秘密的是著名的美国社会活动家、科学家富兰克林。

1749 年，富兰克林大胆地力排众议，提出雷电和摩擦电具有相同的性质。为了证明这一论断，他和他的儿子冒着生命危险，做了一次“天电传输”试验。富兰克林用丝织手帕做了一个风筝，上面绑扎了一根长长的细铁丝拖到地面。风筝在风雨交加之中扶摇直上，接近了带电的云层。富兰克林心情非常紧张，他知道这种“引火烧身”是很危险的。但是，他宁愿为科学事业而献身。他叫儿子站远一点，并对儿子说：“万一发生不幸，你替我填好实验报告书，好为科学研究积累资料”。雷鸣电闪，富兰克林小心翼翼地用莱顿瓶顶部接触风筝绳下端的铁钥匙，莱顿瓶立刻充电了。这说明云中的闪电与人工摩擦电性质相同，从而有力地证明了富兰克林的科学理论。

那么，电的本质到底是什么呢？最初，人们以为电就像热和光一样，是没有重量的物质。但是，许多事实却否定了这种看法。

19世纪上半期，法拉第发现电总是由一份一份最小的电量（或叫电荷）所组成。后来，通过研究气体中的电流等试验，才知道携带最小电荷的是一个个微小的粒子。

这些微粒是什么？它们有什么特性呢？要回答这些问题，必须从物质的结构说起。

大家知道，世界上形形色色的物质都是由很小的微粒——分子组成的，分子又是由原子组成的。原子虽小，构造却很复杂。简单地说来，每个原子都由电子和原子核两部分所组成。每个电子带一个单位的负电荷，负电荷就是古人所说的“树脂电”（常用“-”号表示，过去我们把它叫“阴电”）。原子核带有正电荷，正电就是古人所说的“玻璃电”（常用“+”号表示，过去我们把它叫“阳电”）。不同原子所带的正电荷与负电荷不同，但同一种原子所带的正电荷数都跟负电荷数相等。当正电荷与负电荷数量相同、距离相近时，它们相互的作用力就达到平衡，所以对外不显示电性。这正是通常物体不带电的原因；换句话说，不带电的物质实质上是正电与负电的组合。

但是，在某些特殊条件下，外力却会破坏物质中正负电的平衡。比如，把两个物体相互摩擦时，由于密切接触，温度升高，就会增强物体内部分子和原子的热运动，使它们互相碰撞的机会增多。这时，位于原子中心的核，由于质量较大，基本上保持不动，而带负电荷的电子则容易从一个物体闯进另一个物体，结果失去电子的那个物体就带了正电，获得电子的物体就带了负电。

知识加油站

电压表和电流表的异同

电压表和电流表是电学中两种重要的专用仪表，它们的区别是：用途不同、表示符号不同、量程及刻度不同、连入电路方式不同。电压表可直接连在电源两极上（电压表选用的量程须比电源电压大一些），而电流表则不允许直接连在电源两极。

它们的共同点是：使用前均要调零，要正确选定量程，要认清每大格、每小格的刻度值，使用时应使电流从“+”接线柱流入，不能超过电表的量程，读数时视线要垂直于刻度盘，记录数据时不要忘记写上单位。

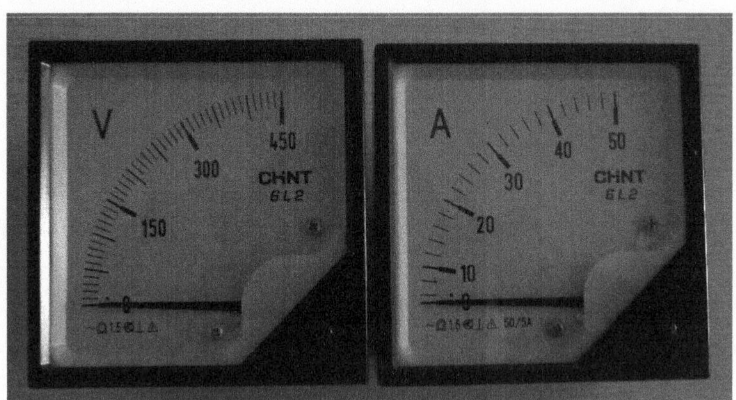

电压表　　电流表

4.2　蛙腿抽搐带来的启发

在物理学中，电势、电压和电动势的单位是伏特。此外，还有伏打电池和伏打定律。由于不少物理学单位是纪念科学家的，因而一般都以为“伏特”与“伏打”是纪念伏特与伏打两位科学家。其实，伏特和伏打是一个人而不是两个人，伏打和伏特只是译音不同，这两个命名都是为了纪念意大利的物理学家伏打。

意大利物理学家伏打

那么，伏打是怎样制成这种电池的呢？这里要先介绍一下推动伏打研究的伽伐尼试验。

伽伐尼是意大利的物理学家和解剖学家，伽伐尼在一次解剖青蛙时，当他用一根铁丝触及铁栏和蛙脚时（青蛙腰部的神经挂在黄铜钩上，钩的一端挂在铁栏上），发现蛙脚上的肌肉会显著地收缩、抽搐和颤动。

伽伐尼对此很有兴趣，因为他觉得这可能对医学的研究有很大贡献。后来伽伐尼又发现，如将一种金属物体触及青蛙的肌肉，用另一种金属物体触及青蛙的神经，然后把两种金属相连接，那么这青蛙虽已死去，但它的肌肉仍会抽搐颤动。伽伐尼根据这一情况，联想到青蛙大腿肌肉在受到莱顿瓶放电的刺激时，也发生过同样的抽搐。于是他就猜想，蛙腿的抽搐和颤动可能是体内放电的一种反应，而且还认为青蛙的体内，可能含有一种类似“动物电”的东西。1793 年，伽伐尼在伦敦皇家学会上谈了自己的这一发现和见解。当时，伏打也听到了伽伐尼教授的这一讲演。

最初，伏打接受了伽伐尼的上述见解和观点。但是通过一系列的试验，他发现若只用一种金属做试验，蛙腿并不产生抽搐现象。这说明肌肉抽搐并不是生物电引起的。到了 1796 年，伏打根据他自己做的试验证明，伽伐尼所观察到的现象，是由于两种不同的金属和电解质的接触所引起的。铜钩和铁栏是两种不同的金属，蛙腿中的液体是电解质。当两种不同的金属跟蛙腿上的液体相接触时，便会有电流产生。蛙腿的收缩抽搐现象表明肌肉中有电流通过，蛙腿在这里起着电流指示器的作用。

由伽伐尼的试验事实和伏打所作的假设，应该得到这样的结论：利用两种不相同的金属，并同时将其一端插到电解质溶液中，另一端互相连接组成闭合回路，这时闭合回路中应有电流产生。后来，许多试验证明伏打的这个假设是正确的。但以后为了纪念伽伐尼的这个重要发现，便把凡是利用两种不同金属和电解质获得电流的装置都通称为伽伐尼电池。

伏打为了获得这种电流，开始是用几碗盐水，将几对不同的金属做成的电极连接起来。后来他又做了改进，剪了许多圆形的小铜片和小锌片，以及用盐水浸湿的圆形厚纸片，将它们按照铜片、纸片、锌片的次序叠起来制成了“伏打堆”，利用这个装置可以产生连续的电流。伏打电池的发明，使得科学家可以用比较大的持续电流来进行各种电学研究，促使电学研究有了巨大进展。

伏打的成就受到各界普遍赞赏，科学界用他的姓氏命名电势差（电压）的单位——“伏特”（就是伏打，音译演变的），简称“伏”。

知识加油站

1800年，伏打是以锌为负极，银为正极，再用盐水浸湿的硬纸、麻布片把两种不同的金属片相隔而叠加起来，就制作出了最原始的电池——伏打电池。

伏打电池的原理：锌、铁等比较活泼的金属和较不活泼的金属（如铜、银等）与能导电的水溶液（如食盐水）相连，那么较活泼的金属就会放出电子（同时该金属原子变为金属离子），这些电子会通过两金属相连的导线流向不活泼的金属，于是电流就产生了。

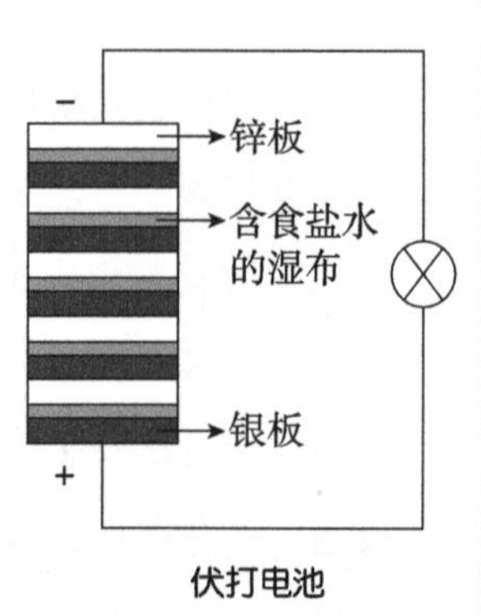

伏打电池

4.3　关于电灯泡的故事

丁丁的卧室里换了一个漂亮的灯泡，加上一个粉红色的灯罩，灯泡发出柔和的光芒，十分漂亮。淘气的丁丁看到了，趁大人不注意，他就偷偷地溜到房间里摸开关，“噼里啪啦”“噼里啪啦”地一通乱摁。正高兴时，被进房间找东西的妈妈看见了。

“丁丁，你这个样子会把灯泡弄坏的。”妈妈严肃地对他说。

“嗯，我就是想玩玩呀。”丁丁也很倔强地说，边说边用手乱摁。看丁丁没有当回事，妈妈就想到一个好主意。

“丁丁，你要是能停下来的话，妈妈就给你讲一个关于电灯泡的故事。”

“啊，电灯还有故事吗？妈妈，您快告诉我。”

“电灯当然也有故事啊，我来讲给你听。”

1879 年之前，人们用来照亮的工具叫作电弧灯，这种电灯是用炭棒作灯丝，发出的光线刺眼不说，耗电量很大，使用寿命也很短。人们不喜欢使用这种电灯，感觉很不实用，所以很多夜晚的活动，都因受黑暗的限制而不能完成。爱迪生看到这个情况后，暗暗下决心，一定要发明一种灯光柔和、千家万户都用得上的电灯，如同太阳一样，照耀在黑夜里。

但摆在爱迪生面前的难题是：选择哪种材料作为灯泡的材料。他首先选择了传统的炭条来做灯丝，可一通电，灯丝就断了。接着，爱迪生又拿钌、铬等金属作灯丝，效果也不好。他又尝试用白金丝，仍然不行……

爱迪生

爱迪生就是这样反反复复地试验，总共试验了 1600 多种材料，但都没有成功。这时，别人开始对他冷嘲热讽，他却并不以为然，对朋友说，自己每失败一次，就是向成功又走近了一步。

爱迪生继续寻找可以用来作灯丝的材料。直到 1879 年 10 月的一天，他的老朋友麦肯基来看望他，爱迪生为他送行时，顺便帮老朋友拉平了身上的棉线外套。突然，他大叫：“棉线，为什么不用棉线来试试呢！”爱迪生立刻从朋友身上扯下一根棉线，赶紧跑到实验室，把棉线装进灯泡里，然后通上电，灯亮了！并且这个用棉线做灯丝的灯泡足足亮了 45 小时后，灯丝才被烧断。爱迪生笑了，因为这是他经过 13 个月的艰苦奋斗，试用了 6000 多种材料，试验了 7000 多次，取得的一个重大突破。

解决了这个问题，可新的问题又来了：怎样才能让这个灯亮得更久一些呢？爱迪生看到平时用的竹扇面，心想：如果用竹丝做灯丝，会不会更好呢？于是他拿过竹丝来作灯丝一试，效果很好，不仅耐用，持续的时间也更长。

从此以后，寻常百姓家开始使用这种用竹丝作灯丝的灯泡。几十年后，人们用钨丝作灯丝，并且在灯泡内充入惰性气体氮或氩，这样一来，灯泡的寿命又延长了，也就是我们现在使用的灯泡。

知识加油站

电阻

当电流在导体内欢快地“流动”的时候，其实它的路并没有看起来那么“一帆风顺”，在导体中电流也会遇到阻碍，这就是所谓的电阻。由于电阻的存在，电流在传输的过程中，会损失一部分的能量，这部分的能量会被电阻转化为热量，这也就是家电等设备在使用一段时间后会变烫的原因。电路元件的电阻越大，电能的损失也就越大，发热量也就越大。

在物理学中，用电阻来表示导体对电流阻碍作用的大小。导体的电阻越大，表示导体对电流的阻碍作用越大。在电学研究中，人们用 R 来代表电阻，电阻的单位是欧姆，简称欧，符号为希腊字母 Ω。

4.4　高压线上安闲的小鸟

我们经常可以看到成群的麻雀停在几万伏的高压线上，它们不仅没有触电，而且一个个显得非常悠闲。但是，如果有人不小心碰到高压电线就会触电身亡。同样一根高压电线，为什么小鸟不会触电而死呢？

停在高压线上的麻雀

原来就像电荷分正负一样，电线也分火线和零线。看看家中的所有家用电器就会发现，所有电器上的导线至少是两股，而插头至少是两相。这两根导线就分别接零线和火线。功率大的电器，比如电冰箱、微波炉和电脑，在零线和火线之外一般还要接出一根线，这根线叫地线，一般接在电器的机壳上，用来导走多余的静电荷，保证安全。

在中国，家用的照明电压是 220V，也就是说，零线和火线之间的电压是 220V。如果是几万伏的高压线，那么意味着，电线与地面之间的电压是几万伏，也意味着火线与零线之间电压是几万伏。

对人造成损伤的是电流。根据欧姆定律，要产生足够大的电流，第一，电阻要足够小；第二，电压要足够大。人体表皮的电阻较大，而体内的电阻很小。一般来说，220V 的电压就可以击破表皮，对人来说是极度危险的。但是如果只接触一根线，并且身体的其他部分与大地之间是绝缘的，一般来讲就不会形成电流，所以不至于有生命危险。但是如果我们以任何形式接触到了高压线，由于我们的身体与大地相连，高压线与地面间的电压极大，于是，身体就成了高压线与大地之间的“导线”，强大的电流会穿过我们的身体，即使穿着绝缘性能良好的鞋，高压电的能量也足够击穿它，到达地面。如果出现这种情况，恐怕是性命堪忧了（请大家一定注意安全用电）。

现在我们就可以回答开头的问题了。因为小鸟只接触了一根电线，而且它高高在上，距离大地非常之远，不会成为高压线与大地间的“导线”，所以它们不会触电。

当然，电线上的鸟身上也有电流通过。当它站在电线上的时候，它的两脚之间有一定的距离，所以可以把它和它脚下的那段电线看作两个并联的电阻。与那一小段电线的电阻相比，鸟身上的电阻非常大。根据并联电路分流的原理可以知道，虽然鸟的体内有电流流过，但是这个电流非常的小，并不会对小鸟造成伤害。

但是有时会出现这种情况，某些鸟在与蛇等爬行动物搏斗的时候把那些家伙带到了空中，然后刚好把它们掉在了高压线上，这时就危险了。蛇的身体较长，掉到电线上时常会将零线、火线连在一起，这样不但蛇会触电死亡，而且还会造成短路，引发火灾。钻进变电室的老鼠也常被电死，并且造成机器故障。乌鸦和喜鹊等鸟类喜欢在电线杆子上垒窝，也同样十分危险，很容易形成短路。

知识加油站

串联电路和并联电路

（1）串联电路

把电路元件逐个顺次连接起来的电路叫作串联电路。在串联电路中通过一个电路元件的电流，同时也通过另一个，即电流只有一条路径。串联电路中的用电器是同时工作的，用电器之间互相影响，一个坏了，其他的也不能工作。串联电路中开关可控制整个电路。

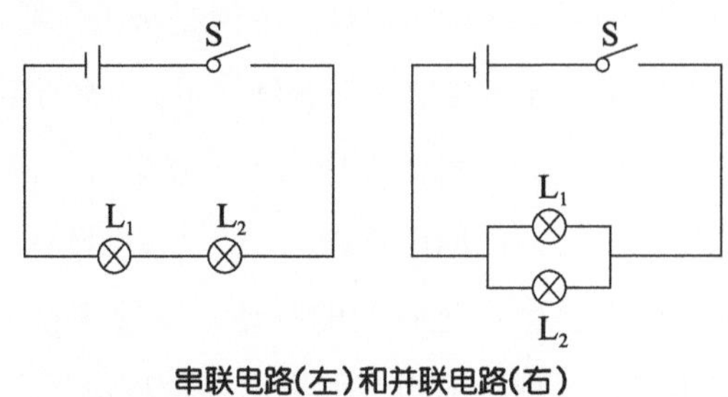

串联电路(左)和并联电路(右)

（2）并联电路

把元件并列地连接起来的电路叫作并联电路。在并联电路中电路有若干条分支，干路和任一支路可构成一条电流路径，各支路的用电器互不影响，电流有若干条路径。干路上的开关控制整个电路，支路上的开关只控制本支路。

串、并联电路中电流、电压和电阻的规律

串联电路中的电压、电流、电阻规律：串联电路中各处的电流相等，$I=I_1=I_2=\cdots=I_n$；串联电路两端的总电压等于各部分电路两端电压之和，$U=U_1+U_2+\cdots+U_n$；串联电路的总电阻等于各串联电阻之和，$R=R_1+R_2+\cdots+R_n$；串联电路中，各部分电路两端的电压与各自的电阻成正比

$$\frac{U_1}{U_2}=\frac{R_1}{R_2}(\because 串联 I_1=I_2 即 \frac{U_1}{R_1}=\frac{U_2}{R_2}\therefore\Rightarrow\frac{U_1}{U_2}=\frac{R_1}{R_2})$$

$$\frac{U_1}{U}=\frac{R_1}{R}(\because 串联 I_1=I 即 \frac{U_1}{R_1}=\frac{U}{R}\therefore\Rightarrow\frac{U_1}{U}=\frac{R_1}{R})$$

并联电路中的电压、电流、电阻规律：并联电路的总电流等于各支路电流之和，$I=I_1+I_2+\cdots+I_n$；并联电路中各支路两端的电压均相等，并且都等于电源电压，$U=U_1=U_2=\cdots=U_n$；并联电路总电阻的倒数等于各并联电阻的倒数之和，$\frac{1}{R}=\frac{1}{R_1}+\frac{1}{R_2}+\cdots+\frac{1}{R_n}$；并联电路各支路中的电流与自身电阻成反比

$$\frac{I_1}{I_2}=\frac{R_2}{R_1}(\because 并联 U_1=U_2 即 I_1R_1=I_2R_2\therefore\Rightarrow\frac{I_1}{I_2}=\frac{R_2}{R_1})$$

$$\frac{I_1}{I}=\frac{R}{R_1}(\because 并联 U_1=U 即 I_1R_1=IR\therefore\Rightarrow\frac{I_1}{I}=\frac{R}{R_1})$$

4.5 到处惹祸的静电

干燥的冬季，黑夜中人们脱下毛衣，噼里啪啦的声音响起来，还伴着小闪光；见面握手时，手指刚一互相接触，突然刺痛一下；拉下金属把手会有触电的感觉……这都是静电的恶作剧。

日本某医院的一位护士，在整理病床时，由于毛毯数量多，整理的时间长，曾发生过较严重的电击事故。

雕刻工人们很早就发现，刚雕好的玉器开始光泽照人，但很快就变得灰蒙蒙的，这也是玉器上的静电从空气中吸引了灰尘的缘故。由于静电的作用，鲜艳漂亮的人造纤维衣服，穿着不久就会蒙上一层灰，变得黯然失色了。

生活中的静电，只不过给人添点麻烦；而工业中的静电，危害性就大了。纺纱机上的纤维因摩擦带电而相互排斥，不易捻成纱线；在印刷机上的纸张，常被滚筒和铅版上的静电吸附而影响连续印刷；在煤矿中，由于静电产生的火花放电，常引起矿井中的瓦斯爆炸，给矿工的生命带来威胁。静电对电子工业也有很大危害，集成电路的微型元件对静电的抵抗力很弱，30V 的静电电位差产生的放电，虽然肉眼看不见，却能破坏元件的性能，使电路功能错误甚至毁坏。在石油运输、过滤、加油和受颠簸撞击时，因液体流动同管道容器壁面摩擦，也会引起静电，在某些场合，静电常高达二三万伏。如果预防措施稍有不周，就可能造成不可挽回的损失。日本某地在一次清理喷气式飞机的贮油箱时，就因静电火花引起了汽

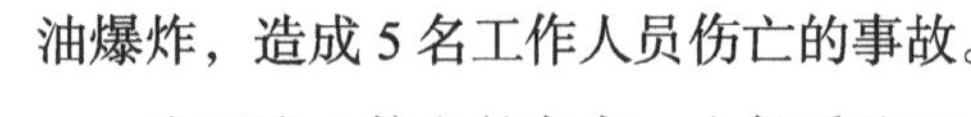
油爆炸，造成 5 名工作人员伤亡的事故。

防静电标志

为了防止静电的危害，人们采取了种种预防措施。如贮油库都用多根导线接地；运送石油的平台、天桥和铁轨等，必须接地良好；给油车拖一条接地的金属尾巴，将静电引入地下；半导体工厂车间的地板上要铺铝片，工人手上要带接地装置，有的还要穿上特制的接地工作服，以防静电的积累。

增大湿度也是防止静电的有效措施，当空气中相对湿度增大到 40% 以上时，物体上的静电就能附着在空气中的水雾上，慢慢消失于大气中。因此，在不影响产品质量的前提下，在容易发生静电的场所，应尽量增加湿度。

此外，还可以用放射性物质放出的 γ 射线将空气电离，使摩擦引起的静电被空气中的异性离子中和而不能积累。在绝缘物质的外表涂一层很薄的导电漆，也可以防止静电的积累。总之，由于生产发展而引起的日益严重的静电灾害，也将会由于技术的不断进步而被克服。

知识加油站

摩擦起电

摩擦过的物体能吸引轻小物体的现象就是摩擦起电现象。用摩擦的方法使物体带电叫摩擦起电。

摩擦起电的原因

不同物质的原子核束缚电子的本领不同，两个物体互相摩擦的时候，哪个物体的原子核束缚电子的本领弱，它的一些电子就会转移到另一个物体上，失去电子的物体因为缺少电子而带正电，得到电子的物体因为有了多余的电子而带等量的负电。摩擦起电并不是创造了电荷，只是电荷从一个物体转移到另一个物体。

4.6 把电“储存”起来

在荷兰的阿姆斯特丹与海牙之间，有一座美丽而静谧的小城，叫莱顿城。城里有一所古老又著名的高等学府，就是创建于中世纪的莱顿大学。大学里有一位从事刚兴起的电现象研究的物理学家，名叫马森布罗克，他对当时发明的几种摩擦起电机很感兴趣，想通过实验找到一种能把静电“储存”起来的容器。

那天，他来到实验室的时候，他的助手和往常一样，已经把实验装置准备好了。桌上摆着一台摩擦起电机，上方用丝线水平悬吊着一根铁管，铁管的一端正好碰在起电机的玻璃球上，另一端悬空绕着一根铜丝。为了验证起电机产生的电荷能从铁管的玻璃球端传到铜丝端，待助手用手摇起电机后，他用手指接近钢丝，立即看到手指与铜丝之间的电火花。

这时他忽然产生一个灵感，让助手找来一个盛水的玻璃瓶，用丝线吊在绕有铜丝的铁管一端，使铜丝正好插在玻璃瓶的水中。他想，铁管上传过来的电荷也许可储存在水中。实验开始了，助手一次又一次地手摇起电机，他也一次次小心地用手指测试电火花。突然，他发现瓶子有点晃动，于是他伸过另一只手去托住瓶子。猛然一声巨响，把马森布罗克击倒在地，他觉得手臂一阵麻痛，比平时手指受到的针刺般灼痛要厉害不知多少倍。

收集电荷的莱顿瓶

尽管马森布罗克一时还未弄清楚这现象的来龙去脉，但强烈的放电立即引起周围人的好奇。消息不胫而走，闻信赶来看热闹的人络绎不绝，很快被法国的诺雷神父知道了，他对用水“储存”电很感兴趣，反复做着实验，终于弄明白是干燥的玻璃瓶把静电“储存”起来。因为这个最早的储存电的容器，是马森布罗克在莱顿城发明的，后来大家就把它叫作“莱顿瓶”。

马森布罗克和诺雷神父知道了干燥的玻璃瓶能够储存静电以后，就着手对莱顿瓶作改进。在一个玻璃瓶的内外壁上粘贴上一层锡箔，瓶口盖上绝缘的软木塞，塞子中央打个孔，插上一根金属棒，棒的上端是个金属球，下端用金属链与锡箔相连。这样制造的莱顿瓶，当用一个带电体与金属球接触时，假如带电体带正电，瓶里的锡箔上会带上正电；由于静电感应的缘故，瓶外的锡箔因与大地接触，大地上就会有负电荷跑到瓶外的锡箔上。这时一旦把带电体移去，内外锡箔上带的正、负电荷因为彼此相互吸引，好像组成一个“家”一样，都和睦相处地留在那里，很长时间也不会跑散。这就是莱顿瓶充电的原理。

要使用莱顿瓶里的电时，只要用导体将金属球和瓶外壁锡箔相接，就会产生强烈的火花放电，并有一股气味，放电时发出的电火花可点燃酒精灯，直到瓶内外两种电互相中和，不再带电为止。

莱顿瓶作为当时人们认识电的仪器是很有意思的，一些人用它来电杀小鸡、小鸟，或用它做使钢针磁化的表演，也有人用它来做“以身试电”的实验，他们甚至以能亲自受电一击为荣。这些有趣的实验和表演，实际上起了让更多人了解电现象的作用，吸引广大有识之士投身到电学研究中去。

知识加油站

焦耳定律

（1）焦耳定律的内容

电流通过导体产生的热量跟电流的平方成正比，跟导体的电阻成正比，跟通电时间成正比。

（2）焦耳定律公式

$Q=I^2Rt$，其中：I、R、t 均用国际单位，Q 的单位才是焦耳。

（3）焦耳定律公式可根据电功的公式和欧姆定律公式推导出来

电流通过导体时，如果电能全部转化为内能，而没有同时转化为其他形式的能量，也就是电流所做的功全部用来产生热量，那么电流产生的热量 Q 就等于电流所做的功 W，

即 $$Q=W=UIt$$

再根据欧姆定律 $U=IR$，就得到 $Q=I^2Rt$。

4.7 找到解决电学难题的金钥匙

乔治·西蒙·欧姆1787年生于德国埃尔朗根城。父亲是锁匠，喜爱自然科学，对他的两个儿子要求极严，不仅给孩子们讲数学、物理以及康德哲学，还十分重视让孩子们掌握实际操作的技能。在父亲良好的家庭启蒙教育下，欧姆从小就养成了喜欢读书与独立思考的良好习惯。有一次，他看书时，发现书中有一个问题讲的与其他书上讲的有出入，于是就拿着书去问父亲。当锁匠的父亲虽然也爱好哲学和数学，但对于儿子提出的问题也不能说清楚。欧姆只好又查了好多书，并细心琢磨，终于把问题搞清楚了。

因为家境十分贫寒，欧姆中学毕业后，靠亲友的资助，在埃尔朗根大学勉强读了三个学期，就中途辍学当了教师。后来好不容易积攒了一笔学费，他22岁时才又回到大学继续完成学业。大学毕业后，欧姆在一所中学教书。没多久学校关闭，这位大学物理系的高才生只得回家重操旧业，当了锁匠。28岁时，他发表了一篇论文，被科隆高级中学得知，聘请他任数学和物理教师。

乔治·西蒙·欧姆

当时，科学家对静电学的研究已取得很大成绩，美国的富兰克林等人阐明了电的性质，法国的库仑提出了计算静电的公式。自从意大利的伏打发明了电池之后，关于电流的定量研究引起了科学界的注意。欧姆暗暗下了决心，要为解决这个难题找一把金钥匙。但是科隆中学并不重视实验，欧姆只得自己掏钱购置仪器、设备和材料，在家里经常熬通宵。

他先用意大利物理学家伏打发明的电池进行实验，因计算上的错误而失败了；后又改用伽伐尼电池进行实验，终于成功了。他发现导体中电流（I）的强度跟它两端电压（U）成正比，跟它的电阻（R）成反比，用数学公式表示为$I=U/R$。如此简单明了的公式，却不被同行理解，相反，有些人还认为，第一流的科学家都未能解决的问题不会如此简单，有些人甚至公开指责欧姆是胡编乱造的，以至在很长一段时间里许多人不和欧姆来往。他们的举动使欧姆深深地感到从事科学事业的艰难。

不久欧姆离开科隆中学，到柏林军事学院任教。在这期间，一些人开始重视欧姆的研究成果。不久，德国科学家波根多夫在实验中无意识地重复了欧姆的实验，其结果与欧姆完全一致。波根多夫有点不相信，于是再次进行了实验，结果竟完全一致。于是，他相信了欧姆的结论，并于 1831 年发表了一篇论文，充分肯定了欧姆定律。自此以后，楞次、费更斯、亨利等科学家相继重复了欧姆的实验，认定欧姆定律是正确的。欧姆定律的发现，对电学的研究具有重要意义，欧姆终于成了受人们推崇的物理学家。1841 年，英国伦敦皇家学会授予他科普利金质奖章（这是当时科学家的最高荣誉）。

1854 年，这颗科学界灿烂的巨星陨落了，人们为了永远地纪念他，将他的名字定为电阻单位，他发现的定律也称欧姆定律。

知识加油站

欧姆定律的公式和它的推导式的物理意义

$$I=U/R$$

$I=U/R$ 是欧姆定律的表达式，公式的数学意义和物理意义是相同的，导体中的电流与导体两端的电压成正比，与导体的电阻成反比。

$$R=U/I$$

$R=U/I$ 是电阻 R 的测量式。我们可以用电压表测出电阻两端的电压，用电流表测出通过电阻的电流，然后用 U/I 的比值表示出电阻的大小。但不能说电阻大小和电压成正比，和通过的电流成反比。因为针对同一段导体来说，它的长度、材料、横截面积及温度不变，其阻值是不变的。导体电阻与导体两端电压大小及电流大小均无关。

$$U=IR$$

$U=IR$ 是电路电压的计算式，不能从式中得出导体两端的电压大小与导体的电阻成正比，与通过导体的电流大小成正比。因为从根本上电路两端电压是由电源来决定的。

4.8 可媲美牛顿的安培

我们知道，牛顿是英国伟大的数学家、物理学家、天文学家和自然哲学家，他发明了微积分、发现了万有引力定律、完善了经典力学、设计并实际制造了第一架反射式望远镜等，被誉为人类历史上最伟大、最有影响力的科学家。可是你知道吗？在电学中也有一位伟大的科学家，他被称为电学中的“牛顿”，他就是安德烈·玛丽·安培。

法国物理学家安培

1775 年 1 月 20 日，安培出生于法国里昂一个富商家庭。少年时代的安培最喜欢的是父亲的图书室，他就是从这里起步并踏进学术界的。

1820 年 9 月 11 日，安培在每周一次的法国科学学会的例会上听人说起，奥斯特在哥本哈根发现一根通电导体会对磁针发生影响。安培以自己的科学洞察力预感到奥斯特的发现对电学的发展必将产生深远的影响，他下定决心，一定要揭示电和磁之间的关系。听完报告后，安培立即查阅了有关资料，开始实验。经过在实验室里几个星期的日夜实验，他终于揭示了电与磁之间的关系。他发现，磁铁能用通电导线代替；当两根平行导线的通电方向相同时，彼此吸引，当通电方向相反时，彼此相斥。他还发现，绕成螺旋管的导线接通电流时，它的作用和一根条形磁铁一样。1822 年，安培把自己的实验成果在科学学会的例会上宣读了，这一实验成果就是安培定律：两根通电导体之间相互作用力的大小与导线中电流强度成正比，与导体的长度成正比，与导体的距离成反比。安培定律的发现为物理学的发展做出了重大贡献，也为电动力学的建立奠定了基础。

安培之所以能在科学上取得惊人的成就，其主要原因就在于他兢兢业业的工作。安培在进行实验时，注意力非常集中，他常因思考自己研究的问题而将周围的一切事都忘掉。一天傍晚，吃完饭后，安培在街头散步，忽然想起一道题目，他的注意力全部集中在这个问题上。正在这时，他看见前面有一块“黑板”，就顺手掏出粉笔走过去在上面演算，算着算着，“黑板”移动起来，而且越来越快，终于他跟不上了。他的行动引起周围行人的大笑，他这才注意到那块“黑板”原来是辆黑色马车的车厢后壁。

1836 年 5 月，安培离开巴黎，在一次视察途中突然病倒，于 6 月 10 日逝世。世人为了纪念安培对电学的功绩，把电流强度单位定名为“安培”。

知识加油站

安培定则

安培定则，即表示电流和电流激发磁场的磁感线方向间关系的定则，又叫作右手螺旋定则。

安培定则一：用右手握住通电直导线，让大拇指指向电流的方向，那么四指的指向就是磁感线的环绕方向。

安培定则二：用右手握住通电螺线管，使四指弯曲与电流方向一致，那么大拇指所指的那一端是通电螺线管的 N 极。

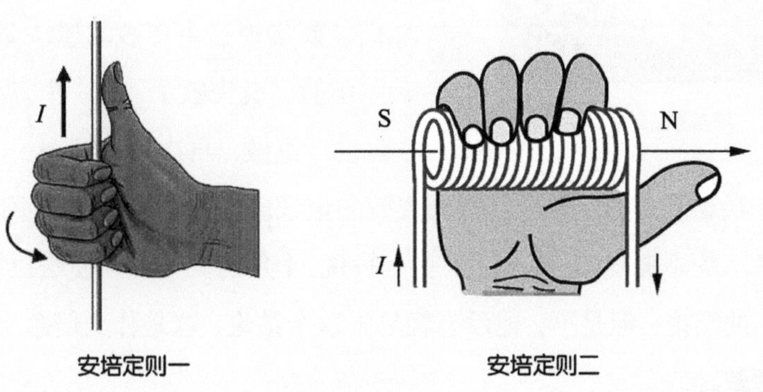

安培定则一　　安培定则二

4.9 坚持不懈磁生电

没有电就没有现代文明，当我们享受着电给我们社会带来的各种好处时，会不由想起两百多年以前英国的一位没有上过学的大物理学家法拉第。法拉第的父亲是铁匠，因病不能做工，因此法拉第穷得不能上学。他 12 岁卖报，13 岁就到钉书店当学徒，他求知欲极强，利用余暇的时间攻读各门功课，《百科全书》成了他最好的老师。1813 年，22 岁的法拉第为英国著名科学家戴维看中，才使其开始了科学研究的生涯。

法拉第

1820 年，丹麦物理学家奥斯特偶然发现通电导线能使附近磁针偏转的消息漂过英吉利海峡传到英国皇家学会，戴维立即做了一个实验：用导线绕在一块软铁上，通电后软铁就具有了磁性，能吸引其他铁块。于是法拉第进一步思考：电能生磁，反过来呢？磁也应能生电才行。若果然如此，用易得的磁铁产生电将比伏打电池便宜得多，这多么令人向往呀！于是法拉第在他的本子上写下了他的誓言：“要磁生电！”

然而，要实现这个巧妙的想法却十分困难，他一动手实验，就失败了；换一个方案做，也不成功；再设计重做，再次告吹了……不知耗费了多少心血，艰难困苦的十年全部都是失败的记录。旁人的冷嘲热讽不断袭来，但是法拉第从不灰心丧气，坚持干了下去。按说，十年的失败应该使法拉第得出“磁不能生电”的结论，但是不，他没有轻易下这个结论，这是什么信念支持着他呢？是他的老师戴维。

早年，戴维看到化学电池是借助于化学反应产生电流，他就想反过来用电使化合物分解，果然获得了成功。老师的实践与思想是法拉第极好的楷模，他想电与磁、磁与电也会存在着与化学相类似的可逆关系。失败只能说明目前所使用的各种方法均不对，而“磁能生电”这个信念应该是不可动摇的。1831 年下半年，法拉第在调整其新设计的实验装置时，无意中发现当快速把磁铁放入线圈或快速把线圈内的磁铁抽出时，线圈中产生了瞬时电流！他欣喜若狂，抓住这实验程序外的发现研究了起来，终于得出极其重要的结论：通过闭合线圈中的磁场只有在变化时，才能使闭合线圈感生出电流来。

原来他过去十年的失败都是静止式的实验方案，由于通过线圈的磁场没有变化，因此就不会产生感生电流。法拉第根据他自己发现的原理，制成了世界上第一台发电机，这是人类逐步走向电气化的一项重要标志。不过，实用的第一台发电机是在四十年后才出现的。

知识加油站

电磁感应定律，也叫法拉第电磁感应定律，电磁感应现象是指因磁通量的变化产生感应电动势的现象。电路中感应电动势的大小，跟穿过这一电路的磁通量变化率成正比，即 $E=\frac{\Delta\phi}{\Delta t}$。

4.10 勇攀科学高峰的麦克斯韦

在科学史上，一个重要理论的发现与建立，往往需要几代人的艰苦奋斗。19世纪，导致物理学史上爆发了一场革命的电磁理论的建立，就经历了这样一个过程：法拉第为电磁波的发现奠定了基础，麦克斯韦从理论上预言了电磁波的存在，赫兹用实验证明了电磁波的存在。

詹姆斯·克拉克·麦克斯韦是英国著名的理论物理学家和数学家。1860年的秋天，麦克斯韦去英国皇家学院任教，有机会拜访法拉第。当时法拉第已年过七旬，麦克斯韦比他小40岁。他们师生之间一见如故。4年前，法拉第就看过麦克斯韦的《论法拉第的力线》一文，他怎么也没有想到文章的作者竟这样年轻。当麦克斯韦征求他对论文的看法时，这位科学巨人对麦克斯韦说："我不认为自己的学说一定是真理，但你是真正理解它的人。"法拉第沉思了一会儿又接着说："你不应该停留在用数学来解释我的观点的层面，你应该突破它！"法拉第以自己渊博的学识和高尚的情操鼓舞着麦克斯韦在科学的道路上勇攀高峰。

麦克斯韦在分析了法拉第对介质的研究以后，确认在电场变化着的电介质中，也存在电流，他把这称作"位移电流"。另外，他还通过周密的计算，了解了这种电流的速度为"310740千米每秒"。麦克斯韦惊奇地发现，他计算出的"位移电流"（即电磁波）的速度与12年前由菲索测出的光速314858千米每秒相当接近。为此，他兴奋得几夜都没有睡好觉。妻子又帮助他进行了仔细的核对，计算数据确实准确无误。这就意味着他计算出的电磁波的传播速度同光速是相等的。1862年，麦克斯韦发表了《论物理的力线》，其中提出了"位移电流"这一概念。在此基础上，他导出了著名的麦克斯韦方程。

麦克斯韦

麦克斯韦继续向电磁学领域的深度进军，1865 年又发表了《电磁场动力学》。在这篇文章中，他采用法国数学家拉格朗日和爱尔兰数学家哈密顿创立的数学方法，推导出电场和磁场的波动方程；根据波动方程进行计算，电磁波的传播速度正好等于光速，同 4 年前推算的那个值完全一样。到这时，他大胆地断定，光也是一种电磁波。

1873 年麦克斯韦《电磁理论》出版，这部巨著标志着经典电磁学理论体系的形成。书中，麦克斯韦系统地总结了人类在 19 世纪中叶前后，对电磁现象的研究成果，从库仑定律的发现到麦克斯韦方程组的建立做了全面系统的阐述，并且进一步证明了方程组的解是唯一的，从而向人们展示了方程组是能够完整而充分地反映电磁场的运动规律的。

麦克斯韦的理论引起了德国年轻的物理学家赫兹的极大兴趣。赫兹用自己发明的电波杯进行了一系列的实验，终于在 1888 年发现了人们期待已久的电磁波。从此，麦克斯韦的天才预言终于“被同样是天才的实验证明了”。法拉第、麦克斯韦、赫兹的名字永远和电磁理论连在一起，载入史册，光耀后人。

知识加油站

磁感线

为形象描述磁场，仿照铁屑排列情况，在磁场中画些有方向的曲线，曲线任一点的方向都和放在这点的磁针北极所指的方向一致，这样的曲线叫磁感应线。

（1）磁感线是不存在的，是假想的线。

（2）磁感线是闭合曲线，在磁体外部磁感线从 N 极出来回到 S 极，在磁体内部磁感线从 S 极到 N 极。用磁感线来描述磁场的方向和强弱，磁场方向、磁感线方向、磁针北极所指方向三者一致，磁感线的疏密表示磁场的强弱。

（3）磁感线不相交。磁感线是不交叉的闭合曲线，磁感线密的地方，磁场强，疏的地方，磁场弱。

4.11 开辟电子技术的新纪元

古代神话中有两位叫作千里眼和顺风耳的天神，说是看得远，听得真。但如今，我们这些凡夫俗子借着传播速度为30万千米每秒的电磁波的帮助，可以隔着大洋谈笑风生，可以10亿人为一粒精彩入球而同声欢呼，丝毫不逊于千里眼和顺风耳。更重要的是，电磁波使人类传播文明的方式发生了极大的变化，收音机、电视机闯进了人们的生活。人类就像浸润在空气里一样浸润在电磁波的海洋里，无论白天与黑夜。

你知道电磁波是如何被发现的吗？

1864年理论物理学家麦克斯韦用严密的数学方程证明了电磁波的存在。但是电磁波既不像水波可以看到，又不像声波可以听见，因而在当时的人们看来简直是神秘的。此外麦克斯韦的方程组过于抽象、过于深奥，即使像法拉第这样的大学者也一度表现出迷茫。当时英国的科学家们大多数对电磁波的存在表示怀疑，有的甚至公开地表现出厌恶。

但是麦克斯韦的理论却赢得了欧洲大陆一批年轻学者的支持，柏林大学的赫兹就是其中之一。他决心用实验来证实电磁波的存在，把自己如流星般短暂而灿烂的一生全部献给研究电磁波的光荣事业。

赫兹

功夫不负有心人，1887年，科学史上最激动人心的事件之一发生了：电磁波的存在得到了实验的证实！赫兹的实验装置极其简单：两块锌板，每块上面连着一根钢棒，棒端光亮的铜球离得很近，两根铜棒分别和高压感应圈的两个电极相连，这是电磁波振动器。当感应圈的电流突然中断的时候，其感应高压使铜球之间产生火花，并有电磁波发送到周围空间。为“捉”住电磁波，赫兹用铜丝绕成一个圆环，铜丝两端装有光亮的钢球，两球间留有小火花隙，这是检波器。赫兹在实验时，将检波器水平地放在离正在发火花的振动器 10 米远处，在调节检波器两铜球间隙的时候，奇迹出现了：检波器的钢球之间也有小火花在跳跃。这时，赫兹的心激动得像电火花一样，因为实验证明，振动器确实发生了电磁波，并且被检波器接收到了！

赫兹的实验结果一发表，他顿时成了科学界轰动的人物，人类利用电磁波的春天来到了！他的发现不仅证明了麦克斯韦所发现的真理，而且促成了无线电技术的诞生，开辟了电子技术的新纪元。

之后，人们又进行了许多实验，不仅证明光是一种电磁波，而且发现了更多形式的电磁波，它们的本质完全相同，只是波长和频率有很大的差别。按照波长或频率的顺序把这些电磁波排列起来，就是电磁波谱。如果把每个波段的频率由低至高依次排列的话，它们是无线电波、微波、红外线、可见光、紫外线、X 射线及 γ 射线。不同波长的电磁波，脾气差异很大，本领也各有千秋。例如，无线电波用于通信等，微波用于微波炉，红外线用于遥控、热成像仪、红外制导导弹等，可见光是所有生物用来观察事物的基础，紫外线用于医用消毒、验证假钞、测量距离、工程上的探伤等，X 射线用于 CT 照相，γ 射线用于治疗或使原子发生跃迁从而产生新的射线等。

知识加油站

电磁波

电磁波在真空中的传播速度是 3×10^8 米 / 秒。电磁波能够传递信息，例如广播、电视、移动通信；广播电台和电视台承担电磁波的发射，接收电磁波由收音机和电视机来完成；电磁波还能够传递能量，例如微波炉。

电磁波是由方向来回迅速变化的电流（振荡电流）产生的。电磁波的频率等于 1 秒钟电流振荡的次数，电流每振荡一次电磁波向前传播的距离就是电磁波的波长。波长、频率和波速的关系是 $c=\lambda f$。

4.12 水银在低温下魔术般的表演

由于电阻的存在，电荷在通电导线中流动时会遇到阻力，从而会产生热的损耗，电阻越大，损耗越大。因此，科学家们一直以来都在寻找完全没有电阻的物质。

1911 年，荷兰科学家昂乃斯把稀有气体氦液化后，得到了极低的温度——零下 269℃（4.2K），昂乃斯立刻用水银做了低温下的通电实验。奇怪，那冻成了导线的水银居然失掉了电阻！这个实验震动了物理学界，人们把这种低温下电阻为零的现象叫作“超导现象”，把那些可以产生超导性的材料称为“超导体”，把产生超导现象的温度叫“临界温度”，也叫“转变温度”。

昂乃斯

1954 年，有人利用超导体做了持续电流实验。这是在电磁感应实验的基础上设计出来的，人们使超导环通过电磁感应产生电流，然后把实验仪器封闭，两年多后打开仪器检测，发现超导体里的电流居然没有减弱。

超导体魔术般的表演引起了人们无数的遐想，利用超导体送电的超导电缆已经出现。利用超导体储存电能的超导储能器能在瞬间释放出极强的电能，这种储能器为激光技术提供了储能条件。它可将强电流存储在超导线圈之中，然后启动开关，一瞬间便会释放出巨能，从而发出强大的激光。

我们知道，电和磁是一对“孪生兄弟”，用超导体做的超导磁体，可以得到极强的磁场。因为超导线圈没有电阻，超导磁体可以比普通电磁体轻得多，几千克的超导磁体抵得上几十吨常规磁体产生的磁场。这将给电力工业带来一系列的变革，发电机会因使用超导体而提高输出功率几十倍、上百倍；已试制出来的圆盘式半超导电动机，体积和 50 马力（1 马力 =746 瓦）常规电动机差不多，功率却高达 1000 马力。

由于超导体的转变温度颇低，这就为它的普及带来了困难。因此，制造转变温度高的超导材料便成了各国科学家的奋斗目标。最近，我国和瑞士、日本等国科学家分别突破超导转变温度的大关，较高温度下的超导体即将进入实用阶段。

知识加油站

（1）电功率

电流在单位时间内所做的功叫作电功率，用字母 P 表示，它是一个反映电流做功快慢的物理量。

（2）$P=\frac{W}{t}=UI$；$P=\frac{U^2}{R}$；$P=I^2R$。

（3）单位：千瓦，瓦特。

（4）额定电压与额定功率：额定电压是用电器正常工作时的电压，额定功率是用电器在额定电压下的功率。

（5）串、并联电路电功率的特点：

① 不论串联电路还是并联电路，总功率都等于各用电器功率之和：

$$P_{总}=P_1+P_2+\cdots+P_n$$

② 在串联电路中电功率分配与电阻成正比 $\frac{P_1}{P_2}=\frac{R_1}{R_2}$。

③ 在并联电路中电功率分配与电阻成反比 $\frac{P_1}{P_2}=\frac{R_2}{R_1}$。

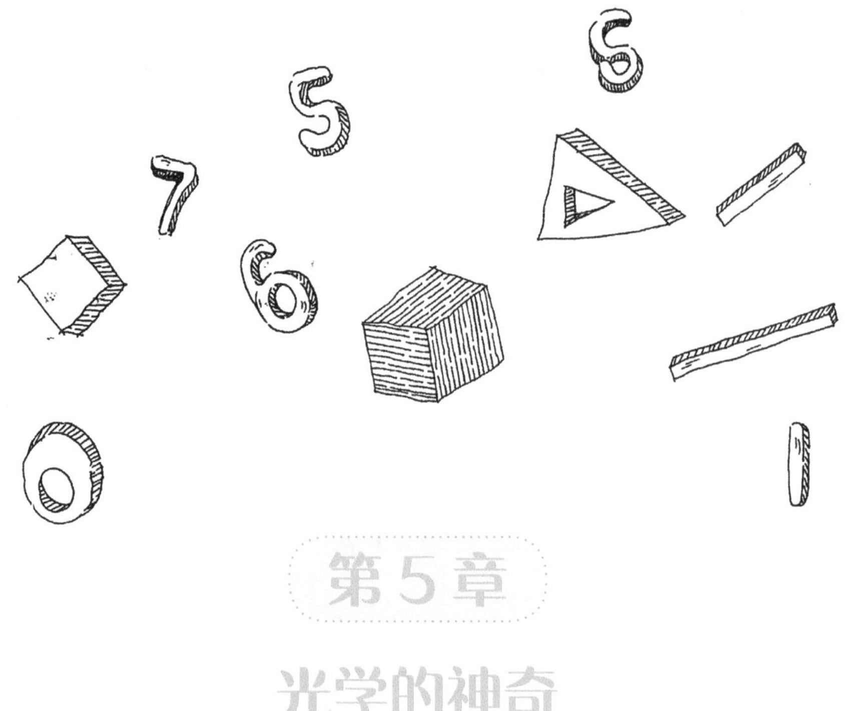

第5章

光学的神奇

我们生活在五光十色的世界里，日日夜夜都要接触到许许多多光学现象，也自然而然地产生了许多问题，譬如：在明亮的太阳下，大地万物为什么会呈现出各种各样的颜色；凹面镜怎么会聚光；光纤通信到底是怎么实现的；海水为什么看起来是蓝色的……这些问题，不只是很有趣的，里面还包含着许多科学道理。人们通过对种种光学现象的观察，了解了光的本质，掌握了光的传播规律，进而正确地解释了自然界中种种常见的有趣的光学现象。

5.1　揭开颜色的秘密

蔚蓝的天空，碧绿的树木，五彩缤纷的花卉，金黄的稻穗，夕阳的余晖映红了天边的晚霞……

大自然的万物显现出美丽的色彩，为什么物体会有不同的颜色呢？物体的颜色是怎样形成的呢？

1666 年，英国科学家牛顿第一个用实验揭开了颜色的秘密。他在暗室中做了一个有趣的实验：让一束白光射进屋子里，在这束光前进的道路上，放上一块三棱镜。结果发现白光通过棱镜以后，向镜的底部偏折，射在墙上形成一条具有丰富色彩的美丽光带，颜色依次是红、橙、黄、绿、青、蓝、紫七色。

牛顿又在彩色光带前进的路上放了第二个棱镜，不过这个棱镜的放置方法却恰好和第一个棱镜相反，第一个的尖角朝上，第二个的尖角却朝下。结果看到那条彩色光带通过第二个棱镜以后，又合成一道白光了。

牛顿还设计了另外一个实验，用一个纸盘，在纸盘上依次涂上红、橙、黄、绿、青、蓝、紫七色，把纸盘迅速地转动，七色盘立刻变成一片白色。

这些实验说明了一个重要的原理：白光不是一种单纯颜色的光，而是由红、橙、黄、绿、青、蓝、紫七种色光组成的。当白光通过棱镜时，由于它里面的七色光通过玻璃时的速度各有不同，偏折的程度也互不相同，因而各种色光就被分开来了。

太阳光也是白光，也是由红、橙、黄、绿、青、蓝、紫七种色光组成的。物体受到太阳光照射后，有的能把全部色光都反射出来，有的只反射某种颜色的光，而把其他颜色的光吸收掉。我们看见玫瑰花是红的，就是因为玫瑰花只能反射太阳光中的红色光，而把其余的各种色光吸收掉；我们看见树叶是绿的，就是因为树叶只能反射阳光中的绿色光，而吸收绿色光以外的各种色光。如果物体表面能把太阳光中各种色光全部反射出来，那么它反射过来的光线，就像白色的太阳光一样，这物体看起来就是白色的了；如果物体表面能把太阳光中的色光全部吸收，反射出来的光极弱，那么看起来就是黯黑无光，也就是“黑色”。

大自然中的各种物体，好像各有嗜好，都选择它喜欢的色光反射，所以整个看来，大自然便是万紫千红、美丽夺目的了。

知识加油站

光的反射

光从一种介质射向另一种介质的表面时，在界面处有一部分被反射回原来介质中的现象是光的反射。入射光线和法线的夹角叫入射角。反射光线和法线的夹角叫反射角。过入射点与物体表面垂直的直线叫法线。法线平分反射光线和入射光线的夹角。光的反射定律内容是：反射光线、入射光线和法线在同一平面内，反射光线和入射光线分居法线两侧，反射角等于入射角。光在反射中光路可逆。当光线垂直于界面入射时，反射角仍等于入射角（都是0°）这叫反射光线与入射光线重合，但方向相反。

光的反射分为镜面反射、漫反射两种，它们都遵守光的反射定律。我们能看到本身不发光的物体，是因为光射到物体表面发生了反射。我们能从不同角度看到同一物体，是因为光射到物体表面发生了漫反射。

5.2 “火镜”大破罗马军

传说，在公元前 221 年，罗马帝国是一个很强大的国家，它依仗着自己的强大，一心想要吞并希腊。当罗马即将进犯的消息传到了希腊，聪明的阿基米德早已准备好了秘密武器。

不久以后，敌人的帆船队驶来了，浩浩荡荡的船队运载了大批武装齐备的士兵，在靠近叙拉古城的海上一字排开，马上就要登陆了。正当敌人的船队驶近的时候，早有准备的阿基米德亮出了一面大镜子，每个守卫在岸边的战士也手持一面镜子，这些镜子的反光面擦得亮亮的，而且向里凹进。它们是一些大大小小的凹面镜。从镜面上反射的太阳光直直向敌船投射过去，它们在敌船上汇聚成一个个又亮又热的光点，照得敌军战士睁不开眼，烤得他们浑身发烫无处藏身。没有多久，帆篷起了大火，这一把从天而降的大火很快地蔓延开来，敌军吓得心惊胆战，只好落荒而逃了。阿基米德的秘密武器打退了不可一世的敌人，保卫了叙拉古城，于是人们把它称为“火镜”。

其实，阿基米德的火镜就是凹面镜，它的反光面向里凹进，这种镜子有强烈的聚光能力。太阳光是平行光，当它入射到凹面镜上，经过镜面的反射以后，反射光能汇聚在一点上。这一点又亮又热，当你把一张小纸片放在这儿，反射而成的光点可以把小纸片引燃，我们称这一点为凹面镜的焦点。

凹面镜取火

这种利用太阳能空中取火的方式启发了不少科学家，他们制成了各种各样的太阳能装置，比如太阳能发电站和太阳灶，这些装置的基本元件就是一面大的凹面镜。在一个直径 10 米的凹面镜的焦点位置上，安装一个锅炉，会聚在焦点上的太阳光，能使锅炉里的水沸腾，变成蒸汽。在晴天，利用这个装置每小时能产生 50 千克的蒸汽，产生的蒸汽压强可达到 6 个大气压，用它来推动蒸汽轮机，然后带动发电机发出电来。这种整套装置就叫巨型太阳能发电站。

凹面聚光的原理在生活中也常用到。例如，手电筒里只有一只很小的灯泡，发出的光并不强，但在夜里一推按钮，就会射出一条光柱，光线照射得比较远而不容易减弱，这就是由于手电筒的灯泡后面装有一面小凹面镜，而小灯泡正好安在凹面镜的焦点附近。还有医院里五官科的医生，常利用戴在头上的一面凹面镜把光线反射到病人的口腔、耳朵里去，以便进行检查。

知识加油站

凹面镜和凸面镜

反射面是球面的一部分的镜子叫作球面镜。因为球面的不同，故球面镜有凹面镜和凸面镜两种。

凹面镜指的是用球面的内表面的一部分作反射面的镜子。凹面镜能把射向它的平行光线会聚于一点，因此它有会聚光线的性质，这个会聚点叫焦点。凹面镜会聚光线的性质有很多应用，如制作太阳灶等。根据反射光路是可逆的，将光源放在凹面镜的焦点上，经凹面镜反射后就成为平行光射出。手电筒、汽车头灯就利用了凹面镜这个性质，将灯泡放在焦点附近，它射出的光经凹面镜反射后向同一方向近似平行地射出，使光束集中，亮度大，照射距离远。

凸面镜指的是用球面的外表面的一部分作反射面的镜子。凸面镜有发散光线的作用，射到凸面镜上的平行光，经它反射后变得发散。凸面镜所成的像是缩小的虚像。汽车上的观后镜就是凸面镜，就是利用了上面的性质，可以扩大观察范围。

5.3　为激光修筑的专门线路

自古以来，在人们的交往中就有烽火台、旗语等通信手段了。不过，通信的内容很简单。随着社会的发展，通信技术也在不断进步。从 19 世纪发明无线电波之后，各种传播方式相继出现，使通信技术突飞猛进。从有线电话到无线电话，从长波、中短波通信到微波通信，从地面通信到卫星通信，把人与人之间从空间到时间的界限大大地缩短了。通信的内容也从简单的声音、符号的传送，发展到了图片、活动画面以及大量的数字、数据的传送，促进了人们社会生活的现代化。光纤通信的出现，开拓了通信的一个新时代。

光纤通信以激光器为光源。激光发明于 20 世纪 60 年代初，它是一种新型光源，不同于人们所熟悉的日光、灯光等一类普通光源。日光、灯光是向整个空间发光，所以，人们可以用来照明。激光则不然，它是物体受激辐射而产生光，这种激发出来的光汇集成为一束，朝着一个方向发光，所以，它的方向性很强，而且颜色纯、亮度高。在辽阔的宇宙空间，激光是一个很理想的通信工具。但在地面上，激光的本领却无法施展，这是由于在地面上，激光的传递受到两重阻力的影响：一个是大气散射——灰尘、雾、雨、雪等小颗粒，它们能把一束束好好向前传播的激光打得七零八落，使光向四面八方逃散；另一个是大气吸收——水蒸气、二氧化碳、沼气等。它们的破坏作用更大，能把一束向前传播的激光大部分“吃掉”。

于是，人们很早以前就想，能不能像电线专供电流通行一样，也为激光修建一条专门线路，让光流通行。20 世纪 60 年代，光导纤维的研制取得了重大进展（光导纤维是用具有特殊性能的光学玻璃或光学塑料细丝做成的），从此，光通信进入了飞速发展的阶段。

那么，光纤通信到底是怎么实现的呢？首先将各种通信信号，如声音、图像或计算机数据等，转换成强弱不同的激光，光便沿着石英制成的光纤以 30 万千米每秒的速度神速地传向远方。到达目的地后，光波又被转换成电信号，再还原为声音或图像等，从而达到通信的目的。每根光纤只有头发丝那么细，可同时传输成千上万路电话。为便于使用，把多根光纤扭绞制成光缆，它的通信容量十分惊人，还有不受电磁干扰、保密性强、原料资源丰富、体积小、成本低等诸多优点。

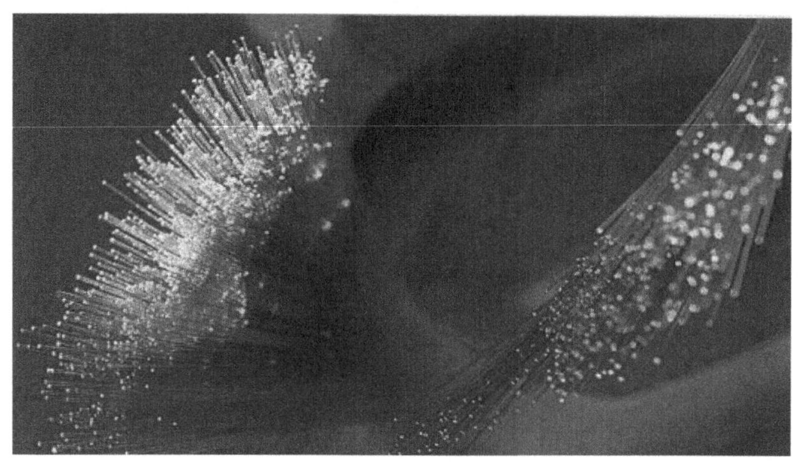

光导纤维

知识加油站

光的直线传播和光速

光在均匀介质中是沿直线传播的。由于光是沿直线传播的，我们就可以沿光的传播路线画一条直线，并在直线上画上箭头表示光的传播方向，这样表示光的传播方向的直线叫作光线。

利用光的直线传播，我们可以解释影子的形成和日食、月食的形成。

光在真空中的传播速度近似为 3×10^8 米每秒，这是人类目前所能感知的最大速度。

5.4　雨夜的多角形光斑

如果你在雨夜行走，雨滴落在眼镜片上，这时你会发现路灯的周围出现一个黄色的光斑。奇怪的是，乍一看，光斑上衬着图案式的黑白条纹，再看这些条纹又变成彩色的了。这些条纹边缘疏松而中心细密。要是你不戴眼镜，那么，你可以在平玻璃上滴上水滴或透明胶水，再隔着玻璃去看远处的灯光，同样会欣赏到这个美景。这是因为灯光经过眼镜片或玻璃片上的雨滴发生了衍射，我们看到的正是它的衍射花纹。为什么乍一看是黑白条纹，再看又变成彩色的了呢？这是因为雨滴由于地球引力的作用，向下流淌，变成了粘在眼镜片上或玻璃片上的一层薄膜，灯光再经过薄膜时，产生了光的干涉现象造成的。

雨中的路灯被光围住了

不仅雨中的路灯会有晕的产生，月亮也会发生月晕。春夜晴空，我们抬头仰望皎洁的明月，有时会发现明月的周围镶着一个大“圆圈”，彩色的光圈靠里边是蓝灰色，外边还镶着黄色和白色的夹边，这好像乖巧聪明的仙女，给含羞的明月披上一层薄纱。有经验的老人还会告诉你，明天又要刮大风了。科学上把这种自然现象叫月晕。不光月亮会发生月晕，太阳也会出现日晕。这是怎么回事呢？

这是由于高空中悬浮着很多小微粒，如果高空中的水蒸气达到饱和，就会形成雾滴，或因高空温度很低，雾滴结成冰晶，使光线遇到它们发生了弯折，产生了光的衍射现象。我们看到的月晕或日晕，正是它们的光线遇到雾滴或冰晶时产生的衍射条纹。

另外，如果在室内点亮一盏“点形”小电灯，像手电上用的 4.5 伏电珠（要去掉反光罩），这时你将会看到室内器物在白墙上留下的黑影，在黑影的四周会出现异常的白镶边。这也是由于光的衍射造成的。

知识加油站

光的折射

（1）光的折射的概念：光从一种介质斜射入另一种介质的时候，传播方向一般会发生改变，这种现象叫作光的折射。

（2）发生折射的条件：如果光在同一种均匀介质中传播，它的传播方向自然不会改变。故发生折射的时候，必然是光在同一种不均匀介质中传播（如地球周围的大气层就是不均匀的，当光在大气层传播的时候），或者是光在两种不同均匀介质的交界面传播（如光从空气射入水中的时候）。

（3）折射的规律：类似光的反射规律，光发生折射的时候也有规律可遵循。在折射的时候，有入射光线、法线和折射光线，有入射角和折射角。折射规律就是关于这“三线二角”关系的规律。光从空气斜射入水或其他介质中时，折射光线与入射光线、法线在同一平面内；折射光线和入射光线分别在法线两侧；折射角小于入射角；当光线垂直射向介质表面时，传播方向不改变。

（4）折射的可逆性：在光发生反射的时候，光路具有可逆性。在光发生折射的时候，光路也有可逆性。当光从其他介质斜射入空气的时候，入射角将会小于折射角。

5.5　肥皂泡中的光学知识

很多孩子喜欢吹肥皂泡，吹出的肥皂泡在光线的照耀下五彩斑斓，异常美丽。你知道这种现象是怎么产生的吗？

这是由于吹起来的肥皂泡有一层非常薄的膜，而通常的膜都有两个表面，一个是我们肉眼能直接观察到的外表面，还有一个是我们肉眼不能直接观察到的、和气泡里面空气接触的内表面。当一束光照射到肥皂泡上时，它的外表面和内表面会同时把光波反射回来，这样一列光波在被反射回来时就分成了两列波长相等、位相差数一定、振动位移方向一致的两列光波，我们看到的肥皂泡的彩色条纹，正是由于光波的干涉形成的。

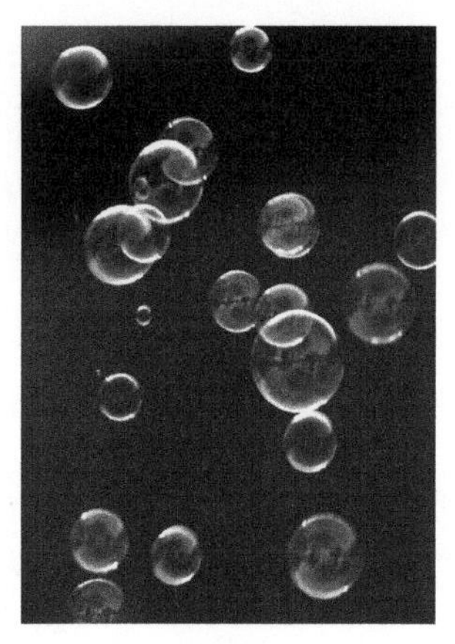

肥皂泡

虽然光的干涉现象的产生需要某些条件，但在自然界里却有不少可供直接观察的干涉现象，不过我们平时没有注意罢了。当我们懂得以上这些道理后，就会有意识地注意到光的干涉现象了。

在风和日丽的天气，你会偶尔发现有些浅沟或积水洼的水面上闪着五光十色的彩纹，这就是光的干涉现象。你到过码头吗？在码头附近的水面上，特别是轮船停泊的地方，常常有大片大片的彩纹；当卡车在光滑而湿润的路面上驶过，卡车排出的废油气冷凝在路面上，也能形成彩色的环状条纹，就像撒下了朵朵鲜花。这都是由于薄膜的上下表面把照在它上面的光同时反射回来，反射光波发生干涉而造成的。膜比较厚时，产生的干涉条纹，一般中心部分是白色，而边缘上镶有茶褐和浅蓝的环纹，条纹不太显著。膜比较薄时会出现红绿两色相同的环纹，很薄的膜则出现红、黄、绿、紫类似彩虹颜色的多重环纹。

不仅薄膜能产生光的干涉现象，有些小窄缝也能产生干涉现象。在矿山，我们经常会发现在煤块表面上，白云母片、萤石、黄铁矿的结晶体的裂缝处，呈现出美丽的颜色。这是由于这些物体表面上有窄缝，或有一层透明薄膜，使射到它上面的一列光波分成两列光波发生光的干涉造成的。

知识加油站

透镜成像的作图法

透镜中有三条特殊光线：①经过透镜光心的光线传播方向不改变；②平行于主轴的光线经折射后过焦点（对凹透镜来说，它的焦点是虚焦点，是折射光线的反向延长线经过的焦点）；③过焦点的光线经过折射后平行于主轴（对凹透镜来说是虚焦点，是入射光的正向延长线过焦点）。

（1）物体处于2倍焦距以外：

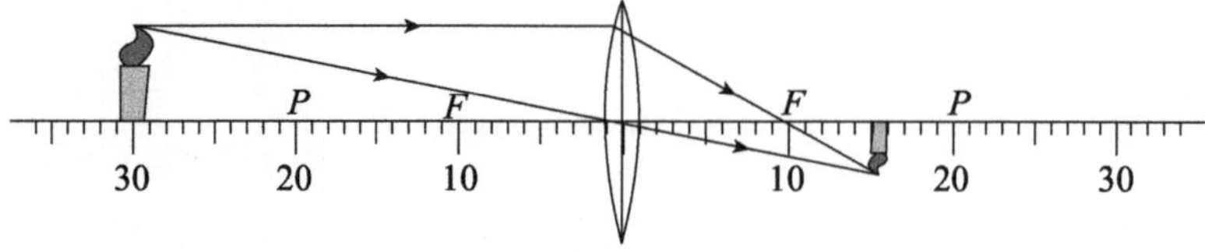

（2）物体处于2倍焦距和1倍焦距之间：

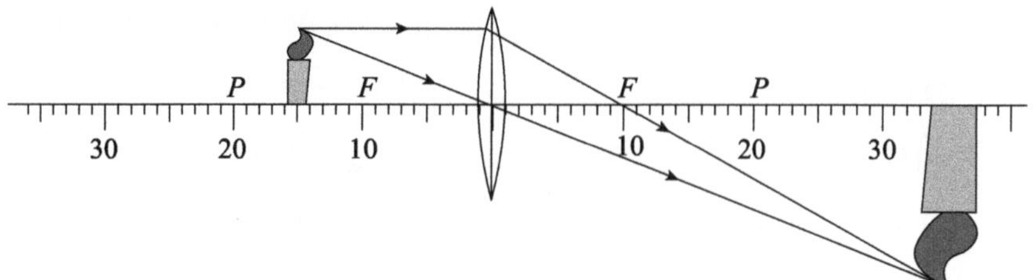

（3）物体处于焦点以内：

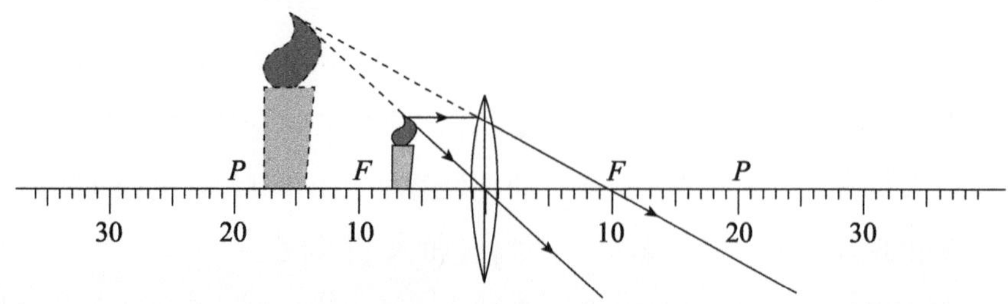

5.6 太阳光的障眼法

海水是无色、透明的，然而，为什么人们总是用“蔚蓝色”来描写和形容海洋呢？的确，当你乘坐飞机掠过海洋而向下俯瞰的时候，所见茫茫海面是湛蓝的。奇怪的是蓝色从何而来？如果你去做一个小小的实验，也许会多少明白一些其中的道理。

大海

当你把几块干净透明的玻璃叠起来之后，你会看到，本来无色透明的玻璃看上去变得有点浅绿色了。这表明，只要玻璃厚了，原来无色的就变为“有色”的了，水加深了，同样如此。

太阳光是由红、橙、黄、绿、青、蓝、紫七种色光混合而成的。由于海水深浅不一，对各种色光的吸收能力也不一样。当日光照入海洋时，在海水最上层的 30 米左右，最先被吸收的是那种浅色的光，比如红光、橙光等。再深一些，黄光、绿光便逐渐地被吸收了，剩下来的就只有青色或蓝色等深色光线了。因此海水深层反射回来而人们可见的就只有青色光与蓝色光，于是海洋成了一片蔚蓝。

太阳光进入海水，会被海水吸收和散射，即海水具有使光线消衰的功能。其中，海水中生物或者溶解在水中的各种物质，比如盐分、泥沙等，都会使这种消衰功能发生变化。因此，不同的时间和不同的水深，海水的颜色就不同了。例如，在河流的出海口，泥沙多、水层浅，海水就成了绿中带黄的颜色；再向水深一些的地方，海水就成了绿黄色的；再往深处一些，海水成了绿色；到了那茫茫见不到边的大洋，水才会变成深蓝色。

总之，越远离海岸的海域，海水的颜色越深，成为深蓝色，甚至发紫；而靠近陆地的海水从远到近，颜色也从蓝变绿，再变成黄绿。比如当你从海南岛乘船到广州黄埔港时，途中只要你细心地观察，船将到珠江口时，海水的颜色由深蓝变为浅蓝，再转为绿色，然后，成为黄绿色，此时你就知道离目的地不远了。人们为了方便，常把水色编号为 1 ~ 11。1 号为宝蓝色，11 号为黄褐色，聪明的读者一下子就猜出来了，在船上观察水色，当水色号码越大，船也就越靠近海边了。

总之，由于海水的深浅不一，海水中所含物质种类不一、数量不一，而使得海水的颜色变化多端。

知识加油站

影和像

（1）“影”是光在传播过程中遇到不透明的物体而被遮挡时，在物体后面光不能直接照射到的区域所形成的跟物体相似的暗区部分，称为影。它是由光的直线传播产生的。

（2）“像”分为实像和虚像，像是由光线或光线的反向延长线构成的与物体相似的图形。实像是实际光线会聚而成的，实像的位置在实际的会聚点上，可用光屏接收。如小孔成像，经凸透镜折射后成的倒立的像；虚像不是实际光线的会聚点，虚像的位置在实际光线的反向延长线上，如平面镜成像，凸透镜折射成正立的像。实像可在屏上呈现，虚像在屏上不呈现，但实像、虚像都可用眼睛观察到。

5.7　人眼看不见的光线

夏天，灼热的太阳就像一团火，在它的烘烤之下，酷热难当。可是，在寒冷的冬天，太阳就备受欢迎了。太阳的光和热哺育了地球上的生命，我们看到光总会联想到热，那么它们是不是一回事呢？

早在 1800 年，英国有一位天文学家，名叫赫谢尔。他为了研究光和热的关系，做了一个很有趣的实验。他先用三棱镜把太阳光分成七种不同颜色的光，让它们在白纸屏上形成一条美丽的彩色光带。然后，把七支温度计分别放在这七种彩色的光带上，又把另外两支温度计分别放在红光和紫光的外侧。当温度计的温度稳定以后，他发现，紫光温度计上升了 2℃，绿光温度计上升了 3℃，而在红光外侧的那支温度计足足上升了 7℃，紫光外侧的温度计却毫无反应。小小的温度计向人们揭示了一个秘密，在红光的外侧有一支人眼看不见的光线，它虽然不亮，却携带了大量的热。这支人眼看不见的光线叫红外线。

赫谢尔

红外线无所不在，而且为我们做了很多事。一只烧热的熨斗、暖气片、你的身体，甚至桌子、墙……一切物体都可以向外辐射红外线。红外线不仅携带着热能，还能穿透许多物质，它可以穿透烟、雾，甚至可以穿透纸张、薄木板、胶木或皮革。红外线的烘干本领非常强，它烤起东西来是钻到里面加热，这种从里向外加热的方法可以大大缩短烘干时间，还可以提高烘干质量。在纺织、造纸、木材加工、食品加工、机器制造等工业部门，很多地方都需要烘干技术。比如在制造汽车时，当汽车的外壳喷好漆以后，需要烘干它。过去是用一个大烘干炉。每次工作前，先得花 2 ~ 3 小时使烘干炉升温，然后把汽车外壳放进去，再慢慢烘上十多个小时以后，漆层才能完全干燥。卸炉时，屋子的温度要慢慢降下来，许多热能白白地浪费掉了。仅烘干这一道工序就得花上二十多个小时，燃料的浪费也很大。用红外烘干就好多了，只要把汽车外壳放在一组特殊的红外灯下，按不同的要求，调好距离，对准目标，很快就可以把漆烤干。因为红外线能穿到漆层的内部，所以烤好的漆层非常坚固、光亮。

此外，用红外线还可以烘烤面包、饼干，甚至烤鸭也不例外，它这种由里向外烘烤的方法，能使烤鸭外焦里嫩呢。

知识加油站

凸透镜是重要的光学元件，它的主要作用是成像。凸透镜成像规律主要阐明了像和物的大小、正倒和虚实关系。凸透镜成像的性质取决于物体到光心的距离，即物距（u）。

物体到凸透镜的距离大于凸透镜焦距的二倍时，物体经凸透镜成倒立缩小的实像，像到凸透镜的距离大于一倍焦距小于二倍焦距，像和物体在凸透镜的两侧。

物体到凸透镜的距离等于凸透镜焦距的二倍时，物体经凸透镜成倒立等大的实像，像到凸透镜的距离等于二倍焦距，像和物体在凸透镜的两侧。

物体到凸透镜的距离大于凸透镜一倍焦距小于二倍焦距时，物体经凸透镜成倒立放大的实像，像到凸透镜的距离大于焦距的二倍，像和物体在凸透镜的两侧。

物体到凸透镜的距离等于凸透镜的焦距时，物体经凸透镜不成像。

物体到凸透镜的距离小于凸透镜的焦距时，物体经凸透镜成正立放大的虚像，像和物体在凸透镜的同侧。

可以用以下的表来表示凸透镜成像规律。

凸透镜成像规律

物距（u）	像距（v）	正倒	大小	虚实	应用	物、像的位置关系
$u>2f$	$2f>v>f$	倒立	缩小	实像	照相机、摄像机	物像异侧
$u=2f$	$v=2f$	倒立	等大	实像	精确测焦仪	物像异侧
$2f>u>f$	$v>2f$	倒立	放大	实像	幻灯机、电影放映机、投影仪	物像异侧
$f>u$	$v>u$	正立	放大	虚像	放大镜	物像同侧

5.8 穿透力惊人的“隐身人”

有人受伤了，情况不明，医生会给他用 X 射线拍个片子来检查骨头的情况。X 射线还常用来检查肺部、气管、心脏等。X 射线隔着衣服和皮肉竟能把人的骨骼和五脏六腑照出来，简直不可思议！那么，你知道 X 射线是怎么发现的吗？

19 世纪 90 年代的一天，在伦琴的实验室里，所有的门窗都关闭了，伦琴正在做阴极射线的研究。阴极射线放电管被套上了黑色硬纸，密封得严严实实。伦琴让电流通过放电管，然后关掉照明灯，使整个实验室变得漆黑。放电管里没有光透出来，证明纸套确实不漏光。可就在这时候，一丝闪烁的微弱的绿色荧光映入了他的眼帘，那是从放电管附近一个小工作台上的涂有氰亚铂酸钡（一种能发光的化学药品）的纸屏上发出来的。他切断放电管的电流，荧光就消失了。接通电流，荧光又出现了。他把纸屏拿到隔壁房间，接通电流，它仍然发光。显然，在通电以后，阴极射线放电管放出了一种能穿透墙壁的射线。

德国物理学家伦琴

他在对阴极射线的研究中已经发现，即使给放电管开一个铝质窗，使阴极射线可以从这里透射出来，它也只能穿过几厘米的距离，就会被空气吸收。显然，使氰亚铂化钡发光的绝不会是阴极射线，而是一种人们还不了解的新射线！

伦琴被这种新的射线振奋了！他欣喜若狂，一连几个星期吃睡都在实验室里，专心致志地研究这个新发现的奇怪现象。他接二连三地用各种物质来阻挡这种射线，结果都拦不住它。这种神秘射线的穿透能力，实在太强了！就像童话故事里的隐身人一样，这种射线可以随意穿过任何阻拦它的东西。

当然，新射线的穿透能力也并不是绝对的。伦琴在实验中发现，金属铅能拦截住这种射线。为了深入研究铅对于这种射线的截断能力，他拿了一个小铅片，放在放电管和纸屏之间。这时他大吃一惊，荧光屏上不但出现了铅片的黑影，还出现了他手部骨骼的影子，并显出手指的模糊轮廓。也就是说，这种神秘的射线连手掌的肌肉也能穿透！

这种现象引起了伦琴的深思。看来，这种穿透力极强的射线可以帮助人们观察物体内部的奥秘，使原来看不见的东西显现出来。他又回想起照相底片“感光”的“事故”，由此巧妙地设计出一个新的实验：他将他的妻子带到实验室，把妻子的手放在装有照相底片的暗盒上，然后伦琴将放电管通电，对准她的手，照射 15 分钟。结果显形后的底片，清楚地显现出他妻子的手骨，手指上的两枚戒指也在底片上留下清晰可见的影像。

伦琴对自己的发现，采取了谦逊而科学的态度，给这种新射线取名为 X 射线，表示新射线的许多性质对他来说，还是一个未知数。有的科学家想把它改称为“伦琴射线”，可是除了德国人以外，大家都不习惯，所以 X 射线这个名称就沿用下来了。X 射线的发现，给人们提供了探查身体内部奥秘的奇妙工具，它在医学、冶金方面的应用，开创了对放射科学的研究。

知识加油站

X 射线实验

X 射线的发现使物理学发生了一场革命，物理学家们为了继续追查 X 射线这位“隐身人”，刮起了一阵实验台风，几个月之内，便取得了许多新的重大的发现。法国科学家贝克勒尔在研究硫酸钾钠被太阳光激发是否会产生 X 射线时，发现了铀的放射性。德国物理学家冯·劳厄用 X 射线照射硫化锌晶体，证明了 X 射线是一种波长很短（约 0.05～100 埃）的电磁波（1 埃＝10^{-8} 厘米），是一种不可见光。他们都因自己的发现荣获了诺贝尔物理学奖。

5.9　偶然机会发现天然放射性

1895年，伦琴将他研究出来的关于X射线的照片寄给了许多国家的物理学家，其中包括法国著名的物理学家庞加莱。1896 年，在法国科学院大会上，庞加莱向大家展示了伦琴的论文。

这篇论文中展示的研究课题引起了贝克勒尔的兴趣，他问庞加莱："这种具有穿透力的射线是怎么产生的呢？"

庞加莱回答说："这种射线好像是从阴极对面能发出荧光的那部分发出的。"

贝克勒尔听了以后陷入思考，他猜想：可见光的产生和不可见 X 射线的产生道理是一样的。

贝克勒尔

回到家以后，贝克勒尔马上投入到实验中，他想证明荧光物质是否会产生 X 射线。然而，贝克勒尔经过几次实验后都失败了。就在这时，贝克勒尔在一家法国科普杂志上看到了庞加莱的一篇介绍 X 射线的文章，这使得贝克勒尔大受鼓舞，再次投入到实验中。

他做了这样的实验：用两张非常厚实的黑色纸包住一张感光底片，即使在阳光的暴晒下也不会曝光。他又在一面的黑纸上撒上一层铀盐，放到太阳底下暴晒。接着，他在底片上看到了磷光物质的黑影。然后他又在黑纸上放了一块薄玻璃，也得出了同样的实验结果。

这说明，磷光物质产生的化学作用和太阳无关。于是，他得出这样的结论：铀盐在光的照射下，不但可以发射可见光，还能发出具有穿透力的 X 射线。非常遗憾的是，汉斯 • 贝克勒尔的这一结论也是错误的。但一次偶然的机会，他终于得到了他想要的结果。

1896年3月2日这天，法国科学院再次举行大会，贝克勒尔准备向学会报告他的实验结果。可非常不巧的是，那两天正好赶上阴天，没有阳光。正当他为没阳光而着急时，他抱着试试看的态度，将没有曝光的底片洗出来看看。

这一看不要紧，他发现洗出的底片和曝光过的底片一样黑。他愣了一会，马上反应过来，铀盐的放射性在没有强光时也能进行。很明显，这是和X射线不同，但也具有穿透力的另一种辐射。贝克勒尔相信这是从铀盐中发出来的，就命名为“铀辐射”。

科学院会议结束以后，他又做了许多实验，发现铀辐射不仅有感光作用，还能使气体电离成导体。这是一项重大的发现，电离可用于测量放射性。他还从实验中得知，纯铀的辐射性更强大。在5月份的一次科学研讨大会上，他宣布了自己的成果：放射性是原子自发的作用，只要有铀的存在，就有辐射作用产生。

后来，贝克勒尔又受到伦琴对X射线研究的启发，也打算利用荧光物质发现X射线，正如他预想的那样，他发现了放射性。而后，他的发现又给居里夫人带来了福音，居里夫人投入到了物质放射性的研究。就这样，贝克勒尔和居里夫人成了亲密无间的合作伙伴。

有个故事说，居里夫人将她提炼的镭盐赠予了一些给贝克勒尔，他将这个宝贝带回了实验室，但不小心将胸部灼伤了，也成了镭的放射性可以治疗癌症的实验依据。

在没有保护措施的情况下，贝克勒尔长期与放射性物质接触，身体受到了极大的伤害。刚过半百的他，身体就明显比同龄人差很多。医生劝告他多注意休息，但他却念念不忘他的实验，仍然坚定地说：“除非把实验室搬到我疗养的地方。”

1908年，只有56岁的贝克勒尔去世了，为了钟爱的事业，他置自己的生命于不顾。后人为了纪念这位伟大的科学家，将放射性强度的单位命名为“贝克勒尔”，简称“贝克”。

知识加油站

镭辐射的三种射线

在 1902 年 11 月，卢瑟福第一次对镭的辐射进行了全面的初步分类。他写到：放射性物质，例如镭，放出三种不同类型的辐射，α 射线，很容易被薄层物质吸收；β 射线，由高速的负电粒子组成，很像真空管中的阴极射线；γ 射线，在磁场中不受偏折，具有极强的贯穿力。

卢瑟福特别抓住 α 射线不放，用了许多巧妙的实验方法，终于在 6 年多之后，搞清楚了三种射线的实质：α 射线是带两个正电荷的氦核；β 射线是高速电子流；γ 射线是自原子核内放出来的电磁波，它实际上是一束能量极高的光子流，它的波长比 X 射线还要短，穿透本领比 X 射线还强。

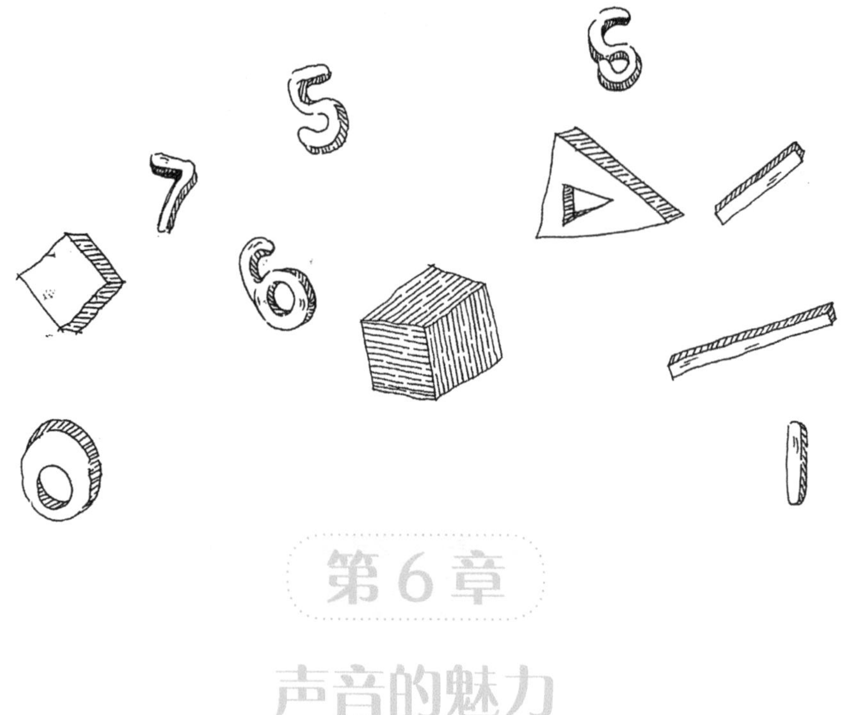

第6章

声音的魅力

我们生活在“声音”的世界里，每天都要听到许许多多的声音。不管我们在什么地方或者做什么工作，总有各种不同的声音伴随着我们。人在步行时的脚步声，交谈时的说话声，风的呼啸声，树叶的沙沙声，流水的潺潺声……自然界很少有沉静的时候，时时刻刻都不断地有声音从各个角落里发出来，在空气中向着各个方向传播，使世界显得热闹而生动。现在就让我们走进声学的世界，去体会它的魅力。

6.1　走进声音的世界

我们周围是一个声音的世界：风声、雨声、流水声，人和动物的声音，各种机械运行的声音，还有美妙的音乐……

由此可见，声音是有区别的。首先是声音的强弱不同，这叫作响度。响度和声源的振幅有关。声源的振幅越大，声音越强；声源振幅越小，声音越弱。在物理学中，把单位时间内通过垂直于声波传播方向单位面积的能量叫作声强。声音不但有强弱，而且有高低。声音的高低程度叫作音调。音调的高低是由振动频率决定的：频率大，音调高；频率小，音调低。

那么，声音是怎么产生的呢？

敲钟

声音是物体的振动产生的一种机械波，它能使我们的听觉器官发生反应。不论是气体、液体还是固体，只要振动都能发出声音。如北风呼啸，就是空气振动时发出来的声音。振动着的固体、液体、气体都是声源。

物体振动产生的声音有整体性。在日常生活中，人们可根据声音判断物体的好坏。如敲钟的时候，好钟能发出清脆响亮的声音，破钟却只能发出浑浊的声音。声音传出了钟内部的信息，帮助人们找出看不见的裂纹。产生这种情况的原因是：完好的钟各部分能一起振动，而钟有了裂纹，各部分就振不到一起了，这样钟发出的声音也就不同了。

有了这个规律，用敲击听声的办法探测物体内部的情况得到了广泛应用。工人师傅常常用锤子敲击机器部件，来判断机器有没有损伤，或连接处有没有松脱。农民挑西瓜时，常常用手指弹几下或用手拍一拍，声音发闷的证明成熟了，生西瓜声音清脆，烂西瓜会发出“噗噗”的声音。

声音的传播

声音的传播实际上是声波的传播，如同平静的水中投入石块会激起四周传播的水波，发声体的振动也会在介质中激起四周传播的声波。水波和声波是相同性质的波，水波在传播过程中会减弱，声波在传播过程中也会减弱。所以，有时我们离发声体较远时，传来的声波太弱而不能引起听觉。

分贝

声音的强弱用声级表示，它的单位叫分贝。小电钟的声级是40分贝，普通谈话的声级是70分贝，气锤噪声是120分贝，喷气式飞机噪声是160分贝，火箭的噪声是195分贝。在空气中，人类刚刚可以听到的最弱的声音是零分贝。为了保护听力，声音不能超过90分贝；为了保证工作和学习，声音不能超过70分贝；为了保证休息和睡眠，声音不能超过50分贝。

6.2　齐步过桥，人马坠河

整齐的队列，雄健的步伐，常常是军队高度组织性、纪律性的象征。然而，在世界战争史册上却记载着不少部队齐步过桥的悲剧。

19 世纪初，法国拿破仑率军入侵西班牙，有一支部队从一座铁链悬桥上通过。随着指挥官洪亮的口令，士兵们迈着整齐的步伐行进在桥面上，悬桥亦越来越剧烈地上下振动起来。当队列前面的士兵即将到达对岸的时刻，悬桥突然断了，桥上的官兵纷纷落水，死伤惨重。

1831 年，一支骑兵部队以整齐矫健的步伐通过英国曼彻斯特附近的一座吊桥，结果吊桥断塌，人马坠河。

这到底是怎么回事呢？从物理学的角度来看，齐步过桥悲剧的发生是由于共振的缘故。

因为每一个物体系统都有其固有振动频率，其大小取决于物体本身的材料、形状等因素。振动物体系统在周期性外力（强迫力）的持续作用下，将发生受迫振动。如果强迫力的频率与振动物体系统的固有频率接近，振幅将会达到极大值，这种现象称为共振。

队伍在桥上齐步前进时，相当于对桥面加上了一个周期性的强迫力，如果它的频率正好等于或接近桥的固有频率，桥身就会发生共振，振幅越来越大，超过一定的限度，就会使桥断裂。

因此，从物理学的角度来看，部队最好以便步走的形式通过浮桥和其他桥梁。坦克、装甲车、汽车等摩托化部队过桥时，也要防止引起桥身的共振。

在现代铁路运输中也要考虑共振的影响。因为火车车轮撞击轨道要发生有节奏的强烈振动，如果这个振动频率与车轮弹簧的固有频率相接近时，乘客就要大受“颠簸之苦”了；如果这个频率和所经过的桥梁固有频率相接近，同样会造成桥断车覆的后果。

共振有破坏作用，但只要掌握了它的规律也能让它为人们服务。在建筑工地上，人们常能见到振动式捣固机，有了它，混凝土制件就能更牢实。振动式压路机能迅速地把路面压平。在矿山里，利用快速振动的风镐开凿岩石、采挖煤炭，其他如振动式粉碎机、电振刨、振动落砂机等无不是利用共振现象来制造的。

振动式压路机

知识加油站

声与能量

声能传递能量：声是由物体的振动产生的，传递声的过程是传递振动的过程，有振动就有能量，利用振动，就是利用能量。

声波的能量在实际中的应用

（1）工业上可以用超声波清洗精密仪器。

（2）利用超声波除尘降低污染，美化环境。

（3）医学上可以利用超声波振动除去人体内的结石。

6.3　水点竞相喷射的“鱼洗”

上海博物馆珍藏着一个“游鱼喷水洗”，这是四五百年前我国明代用青铜制造的脸盆（古时候叫“洗”），有宽边，上面有环耳一对；盆腹较浅，盆底铸有凸起的四尾鲤鱼的花纹，它们头尾互相衔接绕作环形，而每尾鱼口又向上成喷水状。

游鱼喷水洗

这个“鱼洗”很有意思，它可以表演一个有趣的节目：首先把清水注入“鱼洗”内，然后用毛巾围成一个圈，垫在“鱼洗”的底部外沿。当用双手轻轻往复摩擦“鱼洗”两侧的环耳时，洗内水面便会出现轻微的波纹，并有水珠不断地跳出水面；经过约半分钟的双手均力摩擦后，再逐渐加力且提高摩擦频率，洗底就会出现四股水珠跳出水面，它们像腾空而起的四朵水花，足有一尺多高，很是好看，并不时发出“嗡嗡”的蜂鸣声，就像是精彩的伴奏！如果细心观察，你又会感到惊奇，因为那四股水珠正好在盆底铸有四尾鲤鱼图案的“鱼口”延伸处，四个方向的上方喷溅而出，仿佛水珠是从四条鲤鱼的口中喷吐出来一样。

这是什么原因呢？这一现象是在摩擦“鱼洗”两侧环耳以后才产生的，自然与振动有关。根据物理原理，任何物体都有自己固有的振动频率，如果再加上一个频率与它相同的外来的作用力，就会产生共振现象。而“鱼洗”喷水就是由于“鱼洗”与双手的摩擦产生了共振的关系，才出现的一种物理现象。根据现代科学的研究得知，这个“鱼洗”的两个环耳是空心的，双手同时摩擦时即产生共振。在振腹即鱼须处振动最强烈，传至水面便出现小波纹。由于不断摩擦，有些水点受到的作用力就会超过地心吸引力，此时水点就溅出水面。振动频率越高，水点受到的作用越大，水点溅出也越高，最后水纹被激起超离水面，形成水点竞相喷射的奇观。

以前人们用扁担挑水的时候有这样的经验：当迈着轻快而有节奏的步子时，肩上的扁担会很有节奏地颤动着，扁担两头的两桶水也会很有节奏地抖动着。这时，桶里的水就会跳动起来，而且会从中间跳起一条突起的水柱。这条水柱的位置就是由于扁担的颤动频率恰好与水桶固有的振动频率相同，而引起的共振振幅最大的地方。

四五百年前明代的铸造匠人，并没有精密的科学仪器，却凭借他们的勤劳和智慧，不仅发现了共振现象，并且根据其原理，有意识地做成这件器物，不能不令人为之惊叹！

知识加油站

共振实验

我们不妨做一个实验，在一块薄马口铁皮上撒上细细的黄沙，用拉胡琴的弓子拉马口铁的边缘。当弓子拉出的振动频率和马口铁本身固有的振动频率相同时，就产生了共振，使上面的黄沙非常有规律地蠕动着，逐渐形成非常有规则的波形图案。这也就是在一定的振动条件下产生的共振现象。

6.4　妙趣横生的水杯琴

你可能还未见过“水杯琴”吧？它做起来很容易：取一套喝水用的玻璃杯，在各杯里装入深浅不同的水，并按装水多少的顺序排成一行，便构成了一部“水杯琴”。这时，可拿一枝筷子试试音。你会听到：敲打装水较少的杯子时，发音的音调较高；装水较多的杯子，则音调较低。适当调整各杯中水的多少，便可敲出“1、2、3、…、7”等音调。这时就可用这部“水杯琴”来演奏你所喜欢的乐曲了。

“水杯琴”局部

为什么杯子里盛水的多少不同时，发音的音调就不同呢？

原来，音调的高低由声源振动的快慢来决定。定量地讲，也就是由声源每秒钟振动的次数来决定。每秒钟振动的次数简称为振动的频率，单位叫赫兹。每秒钟振动一次，频率为 1 赫兹；每秒钟振动 2 次，则为 2 赫兹，依此类推。频率越大，音调越高；频率越小，音调越低。

各种发声体振动时，有这么一条规律：质量越大的物体振动起来越慢。例如胡琴的内弦较粗，质量较大；外弦较细，质量较小。其两根弦装得大致一样紧，用手指按每根弦，会感到弹力也差不多大。拨动琴弦时，弦在每次振动中都是靠此弹力把弦弹回平衡位置，然后依靠惯性冲向另一方。较粗的内弦质量较大，即惯性也较大。因此，每次回复到平衡位置所需的时间，和靠惯性“冲到”另一边所需的时间都比较长，即振动得较慢，频率较小，所以发音的音调就比质量小的外弦低。

水杯能发出声音是因为杯子被敲击后杯壁在振动。杯壁必然会带动杯中的水一起振动。杯里装的水越多，振动的总质量越大，自然振动得慢，振动频率低，发音的音调也就越低。同理，如果是选用大小不同的杯子，则杯子越大，质量越大，发音的音调越低。因此，用不同大小的杯子也能得到各种音调的音。但是，这里用水帮忙有个突出的好处，就是盛水的多少很易改变，便于按音乐的音阶调准音。如果选用大小不同的杯子，同时又借助水帮忙，就可组成音程很宽的水杯琴，音调变化范围很大的乐谱也能演奏了。

知识加油站

音调与频率

音调是指声音的高低，它与声源振动的频率有关：频率越大，音调越高；反之，频率越小，音调就越低。频率是指物体在1秒钟内振动的次数，频率越大，表明物体振动得越快；频率越小，表明物体振动得越慢。

6.5　空水杯中奇怪的嗡嗡声

昨天，妈妈买回来一个新水杯，丁丁好奇地把耳朵贴到杯口上一听，突然发现里面嗡嗡直响。他很纳闷，怎么也想不出这嗡嗡声是从哪里来的，就问妈妈这是怎么回事。

妈妈没有立刻对他解释，只是问："你知道什么叫声音的共鸣吗？"

"知道。"他点点头说，"两个相隔得比较近、固有频率相同或者接近的物体，只要让其中的一个发声，那么另一个也跟着发声，并且声音的响度会得到增大，这种现象就叫作声音的共鸣。"

"你从水杯口听到的嗡嗡声，就是水杯里的空气柱发生共鸣的结果！"妈妈接着说，"实验告诉我们，把一个发声物体放到容器的口上，当声音的波长等于容器里空气柱长度的 4 倍或者 4/3、4/5 等的时候，都可以引起共鸣。我今天买的水杯深度大约是 30 厘米，因此，波长是 80 厘米、40 厘米、24 厘米等的声音传到水杯里，都会产生共鸣。"

"可是我没有在水杯口放什么发声的物体。"丁丁天真地说。

"你怎么这样糊涂呢！"妈妈笑着说，"我们的周围充满着各种波长的声音，只是有的比较响可以听得见，有的比较弱不容易听见罢了。"

说到这里，丁丁明白过来了："噢，在周围存在的大量波长不同的声音里，总有可以引起水杯共鸣的声音。假如声音比较强，经过共鸣就变得更强。就是比较弱的声音，经过共鸣也会得到加强，从听不见的声音变成可以听见的声音。所以，无论什么时候，在空水杯里听到的声音总是嗡嗡直响、连绵不绝的。"

"说得很对！"妈妈夸奖说，"其实，除了水杯，很多的空容器像暖瓶、小瓶子等，都会发生共鸣现象。"

丁丁一听，立刻拿起一只暖瓶放到耳边听了起来，他说："嗨，真的！暖瓶里也有嗡嗡声，只是音调好像比水杯里的嗡嗡声要低。"

“是这样。你想，容器比较大，里面的空气柱比较长，引起共鸣的声音的波长就长，所以嗡嗡声的音调当然比水杯的低啦。”

二胡

妈妈进一步发挥说：“利用声音的共鸣现象，可以增强声音的音响效果，正是从这个意义上，人们有时把共鸣箱叫作助音箱。就拿二胡来说，有了助音箱，当琴弦振动的时候，箱上的琴马、琴皮和箱内的空气柱都跟着做受迫振动而发声。同时，琴弦发出的某些频率的振动，又会引起箱内空气柱的共鸣。因此，二胡可以拉出抑扬顿挫、美妙动听的乐曲。很多乐器，尤其是弦乐器，除了发声部分以外，都配有大小、形状以及材料质地不一的共鸣箱，道理就在这里。”

知识加油站

响度

响度是指人耳所感觉到的声音的大小，它与声源振动的振幅大小及距离发声体的远近有关。

振幅是指物体振动时偏离平衡位置的最大距离。振幅和频率不同，振幅大的物体振动频率不一定大。振幅越大，响度越大；振幅越小，响度越小。响度还与距离发声体的远近有关，离发声体越近，响度越大；离发声体越远，响度越小。

6.6　溪水声如何传到你耳中

春天来了，不少小朋友会跟随父母出去郊游，野外山清水秀的景色是多么诱人呀！忽然，耳边传来潺潺的溪水声，放眼望去只看到一片树丛，绕过这片树丛，你会看到一条小溪在山间流淌。这声音是怎么来的呢？原来溪水流淌的声音是通过空气的“帮助”传入了你的耳朵。

潺潺的溪水

但空气是怎样把声音传播到各处去的呢？

声音的传播可以与水面上波浪的传播相比，如果把石块投入水中，水面上立即出现一圈一圈的圆形波纹，以石块投入的地方为中心，越来越远地向外扩散着。初看好像是水随着波浪向外运动着，但是从浮在水面上的木片或树叶看来，并不是那么回事。树叶在原位置上下振动着，并不随着波浪移动到别的地方去。当波浪升起来的时候，树叶就上升到浪头上；当浪头过去的时候，树叶又在原位置降落，就这样时起时伏，并不随着波形的前进而远去。这样，我们想象到水也是和树叶一样，在原位置上下振动着，并不是随着波浪向外运动的。当水向上升起时，就形成像山峰似的浪头，这浪头叫作波峰，在水下降时形成的凹谷叫作波谷。波峰和邻近的波峰间的距离是一定的，并且等于两个邻近的波谷和波谷间的距离，这距离叫作波长。

声波的传播在某些方面可以跟水面上波浪的传播相比拟，不过在声波的传播中振动的不是水而是空气，引起空气振动的物体不是石头而是发声的物体，例如流淌的小溪。人们的耳朵听到的声音，是由传播介质的分子运动进行传播的。当声源振动时，会把邻近的空气分子推到一起，并且压缩这些分子，使得这些分子变得稠密；而当声源向反方向振动时，又会使邻近的空气分子变得稀疏起来。因此，这时而稠密、时而稀疏的波动传播开来，就成为声波。

声波的传播速度取决于构成介质的分子的结构状况。由于介质分子的情况不一样，因此，声音在不同介质中的传播速度也就不一样。

在空气中，由于分子彼此相隔很远，几乎互不干扰，它们之间的被压缩或被稀疏是通过间接的周期运动而完成，但分子之间彼此分开。因此，声音在空气中传播的速度就比较慢。在 20℃和标准大气压下，声音传播速度为 344 米每秒。在液体中，分子是互相接触的。因此，压缩与稀疏的周期变化传播较快。这就使声波在液体中传播的速度要高于在空气中的传播速度。声波在水中的传播速度大约是 1450 米每秒。在固体中，分子都是比较稳固地保持在各自的位置上，它们保持得越稳固，被挤压到一起时弹回的速度就越快。因此，声音在固体中传播则比在液体中传播还要快。声音在固体中传播，尤其是在刚性固体中传播的速度最快。例如，声波在钢铁中传播速度约 5000 米每秒。

知识加油站

回声

物理学中把声音从振动物体发出，遇到障碍物被反射，这被反射回来的声音叫回声。

如果反射声音的物体离人较远，回声到达人耳的时间比原声音晚 0.1 秒以上，人耳就能把回声跟原声区分开，从而清楚地听到回声。

如果反射声音的物体离人较近，例如人在房间里说话，墙壁离人较近，反射回来的声音与原声到达人耳的时间相差不到 0.1 秒，人耳就不能把回声跟原声区分开。这时，虽然听不到回声，但它能起到使原声加强的作用。

利用回声可以测定距离，例如要测定海底的深度，可以从船上发出特定的声音，并用特定的仪器接收到回声信号，记录下回声与原声之间的时间间隔 t，就可根据声音在水中的传播速度 v，求出海底的深度。

6.7　神通广大的超声波

我们知道，优美的音乐使人心情愉快，能起到延年益寿之效，却不知声音对植物也能发生奇妙的作用！

在法国国家科学研究中心的声音实验室附近，有人发现，那儿的花儿长得特别快，红薯、萝卜也比别处的要大得多。这种奇妙现象引起了科学家们的注意，经过一番研究，发现这与实验室正在用超声波清除油轮上的油泥有关。于是法国国家科学研究中心建立了一个超声波培植法实验园。经过两年的实验，试制成了一种农用超声波播放器，它可使各种蔬菜迅速地生长，使萝卜长得比普通的约大两倍。

那么，为什么超声波会对植物起作用呢？有的科学家认为，超声波是一种能量，它能够被植物吸收，使植物细胞膜透性增大从而刺激细胞生长；也有的科学家认为，超声波是一种弹性机械波，在传播中会产生热效应作用，能促进植物的新陈代谢，加速细胞生长。

说了这么多，那超声波又是怎么一回事呢？

原来，在声学这个世界里，一个物体在受到外力振动时就会发出声音，这个物体在单位时间内往复振动的次数就是频率。人的耳朵只能听到频率为 20 ~ 20000 赫兹左右的声波，这种声波叫作可闻声或可听声。物体在单位时间内振动的次数超过 2 万次或低于 20 次，也就是说频率高于 20000 赫兹或低于 20 赫兹，这样的声音人的耳朵就听不到了。这种声波叫作不可闻声。高于 20000 赫兹的叫作超声波，低于 20 赫兹的叫作次声波。

蝙蝠可以利用超声波定位

在自然界里，有许多物体可以产生超声波。然而，就目前所知，石英是可以发出最高频率超声波的物质。一块石英晶体薄片所能振动的最高频率，可以超过超声波波段的频率而达到10亿赫兹。当然，某些动物、昆虫同样可以发出超声波，蝙蝠就是一例，还有蛾子等昆虫也可以产生和接收超声波。

超声波同声波比起来，具有许多独特之处。超声波可以使脆而硬的媒质的结构受到破坏，利用这个特性可以用来对玻璃、陶瓷等制品进行加工或用来粉碎、剥落金属表面的氧化膜，这就是人们通常所说的“除锈”。例如，在一般情况下，铝很难焊接，我们就可以用超声波清除铝表面的氧化层，然后进行焊接。超声波不仅能够“粉碎”金属氧化物，也能够粉碎液体，把一些难溶物质“搅拌”在一起。超声波对细菌也有“粉碎”作用，因此，人们可以利用超声波对食物进行消毒。超声波还可以用于切削、钻孔，对金属物体内部裂缝进行探测、清洗机件、凝聚尘雾、促进化学反应、处理种子、进行诊断、探索鱼群、测量海深、自动导航以及测定液体的黏度等。

知识加油站

双耳效应

声源到两只耳朵的距离一般不同，那么声音传到两只耳朵的时刻、强弱及其他特征也就不同。这些差异就是判断声源方向的重要基础。这就是双耳效应。正是由于双耳效应，人们才可以准确地判断声音传来的方位。

音调：声音的高低叫作音调。

频率：是表示物体振动快慢的物理量，它等于物体每秒内振动的次数。

频率高于20000赫兹的声叫超声波，低于20赫兹的声叫次声波。人耳能听到的声波频率为20~20000赫兹。

6.8　声音也会拐弯

在深秋，天气开始转冷而西北风还没有刮起来的时候，农村的傍晚常会听到远处城镇传来一阵阵隐隐约约的嘈杂声，有时还偶然听清楚一两句话的片段。这在其他时刻里，特别是在中午，是不可能有的。这种现象是怎样引起的呢？难道声音也怕热？

倾听声音

原来，空气在较高温度下比在较低温度下运动速度要快，所以声音在暖空气中要比在冷空气中传播得快。在空气中，0℃时，声音以 1193 千米每小时的速度传播，温度升高 1℃，声速就提高 2.2 千米每小时。白天，太阳的照射使地面和地面附近空气的温度比上层的高，于是地面附近声音传播快，上层比较慢，这样，声音就发生向上的曲折，地面上的人就听不到了。傍晚，地面温度迅速下降，而上层空气仍晒着太阳，就造成了上层空气温度比较高，声音传得快，地面传得慢，于是声音就折向地面，被地面上的人听到。

露天演讲，总要选有利的风向，站在上风。猎人打猎，却要站在下风，从逆风的方向慢慢靠近猎物。逆风说话很吃力，不容易叫人听见；而顺风，老远的人都能听到。这类现象又是怎样引起的呢？

英国学者雷诺耳做了一个有趣的实验，这个实验回答了上面的问题。雷诺耳把一个小铃放在离开地面 30 厘米的地方，让它不断地叮叮作响，然后逆着风的方向离它而去；当他走到 70 米远的地方，突然就听不到铃声了；可是只要站在桌子上，又听到了铃声；下来，又听不见了；再走出去，就是站在桌子上也听不见了，但站在更高的地方，又听见了；回来，走到离铃 20 米的地方，声音越走近越响，但当他伏在地上的时候，又听不到铃声，而把头抬起来，又听到了。

这个实验，证明了声音在风的影响下会发生曲折。地面的风速总要小些，因为地面有房屋、树木等的阻碍，因而在逆风的方向上，声音在地面传播得快，上面慢，所以声音就向上折射。顺风，情况相反，声音在上面传播得快，地面慢，因而声音向下折射。

声音在传播中的变向，不仅在日常生活中可以找到，就是在重大的历史事件中，也是屡见不鲜的。举个例子吧：那是在 1815 年 6 月，著名的滑铁卢战役中。一天，在滑铁卢战役的紧张关头，拿破仑的将军戈洛西赶到了离开战场 25 千米的地方。本来他可以选择适当的时机投入战斗，但当时他和他的军团没有一个人听到开战的炮声，因而没有援助拿破仑。然而离开战场更远的地方，隆隆的炮声却清晰可闻。戈洛西等人之所以听不到炮声，正是因为声音变向的缘故。

知识加油站

声音的传播速度取决于介质。相同的声音在不同的介质中传播速度不同，而不同的声音在同一种介质中传播速度却是相同的，所以我们在听音乐时，能同时听到歌手的演唱和乐器的伴奏。

6.9　超声速飞机带来的轰鸣

随着 20 世纪 40 年代第一架超声速飞机的问世，一个新纪元到来了。超声速飞机将把原来空中闷倦乏味的漫长旅程变得短暂舒适。但是，当飞机以超声速飞行，越过你的头顶时，如果飞得不太高，你会听到好像有雷声在轰鸣或炮弹在爆炸。这是怎么回事呢？

超声速运输机

船在水中行驶会激起波浪，逐渐向外传播。飞机在飞行中，同样也会扰动周围的空气，使空气的压力、密度随之发生相应的变化，并不断向外传播。在扰动传播的过程中，已被扰动的空气，与未被扰动的空气之间有一个分界面，这个分界面叫作扰动波。因为飞机的速度有快有慢，所以扰动空气有强有弱，扰动波也有强有弱。波面前后压力有显著差别的，叫强扰动波，也叫激波；波面前后压力差别非常微小的，叫弱扰动波。我们平常听到的飞机飞行的声音就是弱扰动波所产生的，也是通常我们讲的声波。

弱扰动波的传播速度就是声速，强扰动波的传播速度就是超声速。飞机的飞行速度在低于声速时所产生的弱扰动波在气流中的传播，就像石头投到水里一样向四面扩散，飞机前后的空气的压力差别较小。而飞机做超声速飞行时，机头、机翼、机身、机尾等处都会引起周围空气发生急剧的压力变化，产生剧烈的前激波和后激波。当前激波经过时，空气压力突然增高，经过之后压力随即平稳下降，以至降到大气压力以下。然后当后激波经过时，压力又突然上升，逐渐恢复到大气压力。前后两个激波经过时的间隔为 0.12 ~ 0.22 秒。如果飞机的飞行高度不太高，我们就可以在激波经过瞬间，听到好似晴天霹雳的雷声或像炮弹爆炸的声音，这就是超声速飞机飞行中的所谓“爆音”。由于有前后两个激波，所以我们能够听到短促的两声爆音。

爆音的强弱同飞行高度和速度有关。如果速度相同，飞得越低，地面受激波的影响越大，爆音就越强；如果高度相同，飞得越快，爆音越强。超声速飞机的爆音现象是一个严重的问题，因为它会对地面建筑物造成危害，引起严重的噪声污染。因此，为了保护人民的利益，在一般情况下，飞机做超声速飞行，应不低于规定高度，这样可以减弱爆音对地面的影响。

知识加油站

噪声污染问题

随着社会的发展，人们日益意识到环境保护的重要性，噪声污染和水污染、大气污染、固体废弃物污染成为公认的四大污染，日益引起人们的重视。根据初中阶段学习的知识，我们知道控制噪声有三种途径，即在声源处减弱、在传播过程中减弱和在人耳处减弱，这三种途径是解决噪声问题的好方法。我们认为，在声源处减弱是最根本的方法。

6.10　风暴即将来临的预报

灿烂的阳光使海面银光闪闪，海滨浴场人头攒动，喧声鼎沸，远处渔帆点点，海上风平浪静。突然，沿海气象站发出了风雨即将来临的紧急警报。数小时后，大海咆哮起来了，强大的风暴袭击了这个滨海浴场。风暴过后又是风平浪静，游客依旧。气象站是从哪儿得到风暴即将来临的消息呢？

海上风暴

原来，风暴形成时会发出各种频率的声波，其中次声波能传播很远的距离。在空气中，它以 340 米每秒的速度传播，在水中则以 1500 米每秒左右的速度传播，这比风暴本身移动的速度快得多，因此它就成了风暴来临的“前奏曲”。由于这个缘故，目前海洋观察站大都装设有次声波接收器，有的还把次声波接收器放在随风飘荡的热气球上，用来接收海洋和大气中的次声，据此预报风暴的发生和强度，为渔业、航海和军事服务。

那么，次声波到底是怎么回事呢？原来，人耳只能听到 20 赫兹到 20000 赫兹之间的声波，次声波频率低于 20 赫兹，是一种人耳听不见的声音。它到底是什么样子？只有借助仪器的帮助才能观察到。然而，次声在自然界中却广泛地存在着。如下雨时的雨点、海涛、雷电、台风、龙卷风、地震、山洪等都能产生次声波，发射火箭、爆炸原子弹、飞机飞行、机器运转等也能产生次声波，人的心脏、肺脏活动也会产生自己特有的次声波。

次声波在空气中传播比一般声波、超声波减弱得都慢，所以它可以传到很远的地方。1883 年印度群岛克拉托火山爆发产生的次声波，绕地球三周（每周需 36 小时）后，还可以在仪器上记录得到；1961 年苏联在北极圈内新地岛进行核爆炸产生的次声波，曾绕地球五周多。人们利用次声波远距离传播这一特点，可以侦察出核爆炸的地点和爆炸力的大小，也可以预测风暴的来临及其方向、位置和强度，为生产和生活提供气象资料。

经过研究，人们还发现较强的次声波能干扰人体平衡器官的生理功能。轻者使人头痛、呕吐、眩晕，重者使人肌肉发生痉挛甚至神智失常。有人认为，海上晕船可能是由于次声波引起的。据实验，高强度的次声波，可以使动物心脏发生破裂而死亡，对人也有致命的损害。

目前，人们对次声波的应用，主要是借以发现机器中的隐患、探矿和进行地球物理研究等。在医学方面，次声波可用于诊断心脏、肺脏等器官的疾病。随着科学技术的发展，原来不太为人们所熟悉的次声技术，将会越来越受到人们的重视。

知识加油站

动物和次声波

在自然界中，许多动物都能感觉到次声波，如海鸟在风暴到来之前会惊恐不安地低飞，鱼儿和水母等会远离海岸等。渔民和水手们很久以前就注意到这些现象，并用来预测海上风暴。有些地方，渔民在船底养一条蛇，如果海上风平浪静，大蛇就蜷伏在舱底不动；要是蛇昂首欲立，就预示着风雨即将来临。

第7章

身边的物理

物理是一切自然科学中最简单、最实用的学科，经典物理的每一个基本定理都直接源自对日常生活的观察。生活中看似平常的现象中，其实隐藏了很多简单的物理知识。例如，磁带录音机的原理、汽车后面产生尘土的原因、自行车在行驶时不跌倒的原因……这都与物理学有很大的关系。怎么样？你想到了吗？原来，物理就在我们身边，只要你用心观察、细心体会，相信你的物理学习会变得轻松有趣！

7.1 憨态可掬的不倒翁

你喜欢不倒翁吗？圆圆的肚皮，萌萌的造型，无论你怎样推它，它总是摇摇晃晃地又站了起来，永远也不会倒下。你知道这是什么原因吗？

憨态可掬的不倒翁

在生活中，大家都有这样的经验：平放的砖头很稳定，把砖头竖立起来就容易翻倒；瓶子里装了半瓶水很稳定，空瓶子或是装满水的瓶子就比较容易翻倒。从上面两个事例来看，要使一个物体稳定，不易翻倒，需要满足两个条件：第一，它的底面积要大；第二，它的重量要尽可能集中在底部，也就是说，它的重心要低。物体的重心可以认为是所受重力的合力作用点。对任何物体来说，如果它的底面积越大，重心越低，它就越稳定，越不容易翻倒。例如：塔形建筑物总是下面大上面尖；装运货物时，总是把重的东西放在下面，轻的东西放在上面。

了解了这些知识，我们再来看看不倒翁。不倒翁的整个身体都很轻，只是在它的底部有一块较重的铅块或铁块，因此它的重心很低；另一方面，不倒翁的底面大而圆滑，容易摆动。当不倒翁向一边倾斜时，由于支点（不倒翁和桌面的接触点）发生变动，重心和支点就不在同一条铅垂线上，这时候，不倒翁在重力的作用下会绕支点摆动，直到恢复正常的位置。不倒翁倾斜的程度越大，重心离开支点的水平距离就越大，重力产生的摆动效果也越大，使它恢复到原位的趋势也就越显著，所以不倒翁是永远推不倒的。

像不倒翁这样，原来静止的物体在受到微小扰动后能自动恢复原位置的平衡状态，在物理学上叫作稳定平衡。而像乒乓球、足球、篮球等球状物体，在受到外力后，可以在任何位置继续保持平衡，这种状态称为随遇平衡。处于随遇平衡的物体，重心和支点始终在同一条铅垂线上，而且重心的高度保持不变。横放在

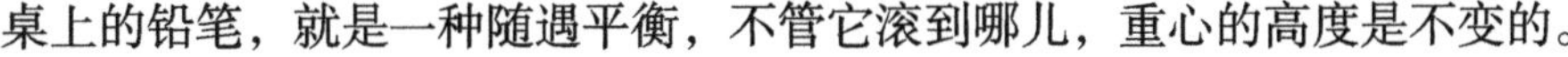

桌上的铅笔，就是一种随遇平衡，不管它滚到哪儿，重心的高度是不变的。

知识加油站

重心

一个物体的各部分都要受到重力的作用。从效果上看，可以认为各部分受到的重力作用集中于一点，这一点叫作物体的重心。质量均匀分布的物体（均匀物体），重心的位置只跟物体的形状有关。有规则形状的物体，它的重心就在几何中心上。不规则物体的重心，可以用悬挂法来确定。物体的重心，不一定在物体上。

7.2 急驶汽车后面的滚滚尘土

当你走在乡间的土路上，忽然一辆正在急驶着的汽车开过，你会看到后面总是飞扬起滚滚的尘土。汽车走远了，尘土也就随着消失。这是什么道理呢？

汽车后面的尘土

我们知道，鱼儿生活在水里，我们生活在空气的海洋里。小鱼儿在茫茫的大海里游泳时，水面不会起什么波浪，如果大鲸游来的时候，就会激起滚滚的浪花。这是因为鲸的身体很大，它要占据许多地方，当它往前游的时候，它所离开的地方就会有水补充进来，因此在鲸的尾部常常出现巨大的浪头。与鱼和鲸一样，人们也要占据一定的空间，人所占的地方的空气也要被人体所排开。但是人的体积比较小，行动又不像汽车那么快，所以产生的影响并不大。当比人体大好多倍的汽车开来时，它要排开同体积的空气，车子飞快地前进着，在车身刚经过的地方就要有空气来补充，因此空气就由两旁和后面向这个地方涌来，而形成一股涡流。空气的涡流带着马路上的灰尘，紧跟在车子后面，卷起一个大灰柱，这就是我们常看到的汽车后面飞扬的尘土。

其实我们周围充满涡流。小至管道里流出的废水，大至潮汐旋涡、天气体系以至星云，都是涡流。你想看看涡流吗？秋天的落叶，冬天的雪花，是空气中的涡流使它们回旋飞舞。你要听到涡流吗？松涛呼啸，电线嗡嗡作响，担任演奏和指挥的也正是涡流。大海之滨，翻滚的波涛拍击着岩岸，汹涌澎湃，这样壮观的涡流，多么有声有色！你还可以亲自用手试一试涡流。如果你在山涧的急流里插一根竹竿，用手握着上端，你就会感到竿在颤动，水流越急，竿颤动得也越厉害。这表明流水对竿的压力不是稳定不变的。这种现象的起因也是涡流。

小小的涡流，也许是无害的，但大规模的涡流却可能给人们带来灾难。1940年美国塔科马海峡上第一座悬索桥的断毁，以及1969年英国约克郡300米高的电视塔的倒坍，主要就是涡流引起的。飞机翼梢引起的涡流，会使近旁的飞机受到损害，甚至于破坏地面的建筑。

因此，现代建筑师不得不对风力产生的涡流给予充分的估计。像桥梁、高层建筑、高塔、海上采油平台等，无一不需通过风洞试验，才能最后定型。

知识加油站

涡电流

当线圈中的电流随时间变化时，由于电磁感应，附近的另一个线圈中会产生感应电流。实际上这个线圈附近的任何导体中都会产生感应电流。如果用图表示这样的感应电流，看起来就像水中的旋涡，所以我们把它叫作涡电流。假如铁芯（或导体）是纯铁（纯金属）的，则由于电阻很小，产生的涡电流很大，电流的热效应可以使铁（或金属）的温度达到很高，甚至是铁（或金属）的熔点，使铁熔化。

7.3 汽车拐弯时身体往外倾

乘过汽车的人，会有这样的亲身感受：当汽车拐弯的时候，身体都不由自主地往外倾倒。这是怎么回事呢？原来，当我们坐在汽车中跟汽车一起向前飞奔的时候，我们的身体也具有一个向前的运动速度。当汽车拐弯时，我们的脚已经跟着汽车拐弯，而我们的身子却由于惯性沿着原来的方向往前冲。要不是车厢帮了我们的忙，恐怕大家都要被甩出去、摔下来。难怪当汽车快到拐弯处公共汽车上的售票员都要提醒大家注意呢！

如果遇到特殊情况，司机紧急刹车，乘客就会不由自主地向前倾倒。如果不懂得惯性的道理，可能还要互相埋怨呢。知道了物体的惯性，就应该懂得，造成这种不愉快的根源在于物体的惯性。你想，如果遇到紧急情况，司机只关闭发动机而不刹车能行吗？不行的。由于惯性，关闭了发动机的汽车仍要继续往前运动，依然会发生危险，这时的司机只有采取紧急刹车的措施，用一种力量强迫汽车停下来，才能避免发生事故。车上的乘客紧贴车厢地板的脚，随着汽车停止运动，可是上身由于惯性的缘故却向前倒过去，这就不可避免地要发生互相挤压的场面了。

有的小朋友一定会想，既然物体都具有惯性，那么汽车关闭发动机以后，为什么它并不会永远地运动下去，而最后终究要停下来呢？

汽车关闭发动机以后，如果没有受到外力的作用，它将由于惯性而永远地运动下去。可是，实际情况并不是这样呀！你看，汽车的轮胎与地面之间存在着摩擦，汽车内部机件之间也存在摩擦。可以看出，这时的汽车并不是处于没有受到外力的情况。在这些摩擦的阻碍作用下，汽车终要慢慢停下来。

惯性固然在某些场合给人们带来一些苦头，可是，倘若没有惯性，那么我们的世界也将是难以想象的。

假如没有“静者恒静”这种性质，放在桌上的手机，一会儿跑到这儿，一会儿又窜到那儿；屋里的东西随便到处乱窜；世界上各种物体，包括房屋、树木、石头、花草，都将随意变更自己的位置，这样的世界将是毫无秩序，一片混乱。

假如没有“动者恒动”这种性质，也就是说，如果物体运动起来后没有保持自己原来运动状态的性质，那么，当静止物体在外力作用下而启动之后，一旦失去外力的作用，它就不能保持它具有的速度继续运动而马上停下来，这也是一种难以想象的场面。如果没有惯性，一切球类活动也将是无法进行的。球在人们的手、脚或球拍的作用下由静止开始运动，一旦离开手、脚或球拍的作用，如果马上就要停下来，球类活动怎么进行呢？如果没有惯性，钟摆将不能来回摆动，无法用钟表计时；内燃机将无法工作；人类居住的地球以及其他天体，也将不能按它们的轨道运转，也不自转，将不存在白天与黑夜交替、春夏秋冬循环的规律。这就是说，一旦失去惯性，宇宙之间将变得混乱不堪……如此看来，惯性与我们的生活是多么息息相关呀！

在日常生活中，我们经常与惯性打交道。在生产劳动中，我们经常使用铁锹扬土，这时正是利用惯性，才将铁锹中的泥土扬了出去。当我们的衣服沾上尘土，大家都晓得用手拍打一阵，尘土就拍掉了。其实，这也是利用惯性的原理，衣服被拍打产生运动，而沾在上面的尘土由于惯性保持不动，这样尘土便离开了衣服，从而达到把尘土拍掉的目的。洗完衣服，人们经常将衣服用力一抖，这样便可以抖去衣服上的水滴，实际上也在利用着惯性。当汽车、火车快要进站时，司机总是在没进站之前就关闭了发动机，依靠惯性让车缓慢地驶进车站。这样做，一方面可以节省燃料，另一方面又可以避免突然停车使车身受到剧烈震动，保证车上旅客的安全。用火箭发射人造卫星或宇宙飞船，当火箭穿过大气层进入宇宙空间后，就可以借助惯性飞行……所有这些，都是人们利用惯性的表现。

知识加油站

陀螺的“定轴性”

用机械或电力驱动的方式将陀螺高速转动起来，强大的惯性就会使它像着了魔似的转个不停。此时的它，光影烁烁，亭亭玉立，转轴像生了根似的纹丝不动。即使地面高低不平,或者在斜面上,它也能“稳如泰山”。如果突然受到外力的干扰或冲击,它也至多摇头晃脑一阵即可复位。而且,转速越高,陀螺转得就越稳,偏离后复位也越快。科学家把陀螺的这种转轴不易改向的特性称为“定轴性”。其实不仅仅陀螺这样,凡是高速转动着的物体,都有一种能竭力保持转动轴方向不变的能力。自行车的前轮和后轮在行驶的时候,就是两个迅速转动的物体,它也有保持转动轴方向不变的能力。这个能力就使自行车不会倒下。

7.4　夸海口最终失败

一天，妈妈让小雷站到房间中央，然后问：“不许弯腿，你能够跳起来吗？”

“嗨，这算什么难题！”他踌躇满志地说，“没问题，我准能跳得高高的。”

“那么好，你就试一试。”

只见小雷直挺挺地站着，好像在使劲，但又使不上，显出很难受的样子。几分钟过去了，他只能靠着脚尖用劲离开地面一点点，只好认输：“妈妈，我承认夸了海口，失败了！”

“你知道为什么跳不高吗？”妈妈问。

他皱着双眉，摇头不语。

“你还记得吗，物体做机械运动必须遵守什么定律？”

他说了句“必须遵守牛顿运动定律”以后，又陷入了沉思。过了一会儿，他才慢吞吞地说：“对了，想不弯腿跳得高，是违背牛顿运动定律的。根据牛顿第二运动定律，物体要改变静止或者匀速直线运动状态，必须受到外力的作用。我站在那里要跳起来，也就是从静止变为运动，必须由地面对我施加一个作用力。”

“那么，地面对你的作用力是怎样产生的？”

“根据牛顿第三运动定律，作用力和反作用力是大小相等、方向相反的。所以只要我先对地面施加一个作用力，地面一定会同时回敬我一个大小相等、方向相反的作用力，使我跳离地面。弯腿正是为了调整腿部肌肉，使我在跳的时候能够对地面施加作用力。”

“你分析得不错嘛！”妈妈接着说，“而且，你跳离地面的高度，和你对地面施加的作用力大小是成正比的。你不弯腿，只靠脚尖的作用产生不了多少力，怎么能够跳得高。”

"原来是我把问题看得太简单了。"

"是啊，实际问题往往都比较复杂，要想做出正确的回答，并且分析得有理有据，非好好开动脑筋不可。你想，上面这个问题乍一听好像很简单，但是要解释清楚，竟用到了两条牛顿运动定律。"

知识加油站

牛顿第三定律

牛顿将作用力与反作用力的关系总结为牛顿第三定律：两个物体之间的作用力和反作用力总是大小相等，方向相反，作用在一条直线上。

如果用 F 表示作用力，用 F' 表示反作用力，则有：$F=-F'$，式中负号表示作用力 F 和反作用力 F' 的方向相反。

需要注意的是，作用力和反作用力是分别作用在两个物体上的，它们不会互相抵消，这和作用在同一物体上的一对大小相等、方向相反的平衡力有根本的区别。

7.5　走钢丝横跨天堑

1995 年 10 月 28 日，在我国四川奉节，长江三峡最为险峻雄伟的瞿塘峡夔门，一丝飞架南北，天堑变通途，完成这项惊世之举的是加拿大高空王子杰伊•科克伦。他在毫无安全保护措施的情况下，手握银色长杆，身着蓝色演出服，在峰峦沟壑的壮美中，居高临下 375 米，踩着直径 3 厘米的钢丝，随着悠扬的音乐声，创造了一个神话——他仅用了 53 分钟，从北岸到南岸，走完了 640 米，成为人类走钢丝横跨天堑的第一人。

高空王子杰伊 · 科克伦在走钢丝

人们对于空中走钢丝表演并不陌生，无不赞叹，但那大多是在室内低空进行的。科克伦走钢丝横跨天堑，不仅要跨越室内无法比拟的超长钢丝，还要征服高空气流的侵袭、脚下江水的喧闹、飞鸟随时可能的造访等，平添几分神奇和惊险。然而，室内低空与室外高空走钢丝所包含的力学原理都是一样的。不同的只是，室外的不稳定因素远多于室内，因而表演难度就大得多。

杂技演员走在钢丝上，为什么不会摔下来呢?

我们知道，不管什么物体，如果要保持平衡，物体的重力作用线（通过重心的竖直线），必须通过支面（物体与支持着它的物体的接触面），如果重力作用线不通过支面，物体就要倒下来。

根据物体平衡的条件，这就要求表演走钢丝的演员，始终使自己身体的重力作用线通过支面——钢丝。由于钢丝很细，对人的支面极小，一般人很难让身体的重力作用线恰巧落在钢丝上，随时有倒下的危险。杂技演员走钢丝时，伸开双臂，左右摆动，就是为了调节身体的重心，将身体的重力作用线调整到钢丝上，使身体重新恢复平衡。平时，我们也有这样的生活经验：当身体摇晃即将倒下时，我们也会立即摆动双臂，使身体重新站稳。这时，我们也是依靠摆动双臂来调整身体的重心。

有的杂技演员在表演走钢丝时，手里还拿了一根长长的竹竿，或者是花伞、拐棍、彩扇等其他东西。你千万别以为这些东西是表演者多余的负担，恰恰相反，这些都是演员作为帮助身体平衡的辅助工具，它们起到了延长手臂的作用。

知识加油站

二力平衡与相互作用的力的区别

物体在两个或几个力作用下，保持静止或匀速直线运动状态，物理学中就称该物体处于平衡状态。此时，这两个力或几个力相平衡。

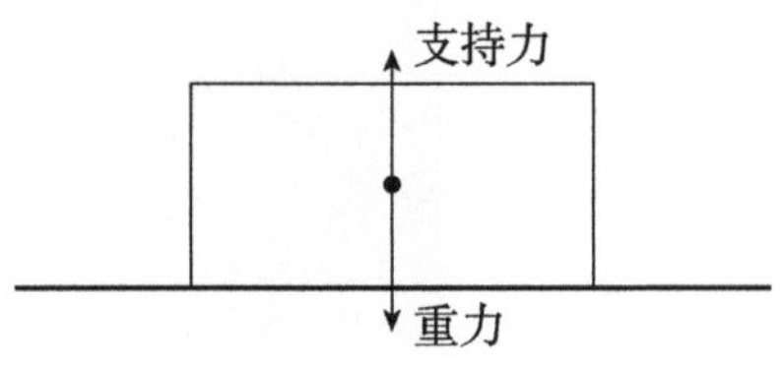

重力与支持力平衡

相互平衡的两个力是作用在同一个物体上的，而相互作用的两个力是分别作用在两个物体上的。如：放在桌面上静止的物块，重力与支持力平衡，都作用在物块上；桌面对物块的支持力和物块对桌面的压力是相互作用的力，它们分别作用在物块和桌面两个物体上。

7.6　找“帮手”修筑长城

史书记载，在公元前 2885 年，古埃及建造的大金字塔总共用了每块重约 2.5 吨的石灰石 230 万块。这项浩大的古建筑有约 10 万人参加，费时 20 年才完成。我国的万里长城则更胜一筹！据《史记》记载，“将三十万众，北逐戎狄，收河南。筑长城，因地形，用险制塞，起临洮，止辽东，延袤万余里”。不过，现在所见的长城，大多是明代修筑的，历时 100 多年才完成。有人曾做过粗略的计算：如果将明代修筑长城所用的砖石土方，筑成一道 2 米厚、4 米高的围墙，将能绕地球一圈多。

在古代，要将这么沉重的石块搬到所需要的高度，光靠杠杆、撬棍是帮不了什么忙的。那应该找谁来“帮忙”呢？古代人主要是利用斜坡（即斜面）可以省力的原理，才能够完成像金字塔和长城这样不朽的伟大工程。

斜面可以省力这一认识，直到 16 世纪才得到理论上的证明。当时著名的荷兰学者斯蒂文提出了力的“平行四边形法则”：作用在一点上而彼此间有一夹角的两个力，其合力仍然作用在该点上，合力方向沿两分力所构成的平行四边形的对角线，合力的大小则由这根对角线的长度来决定。

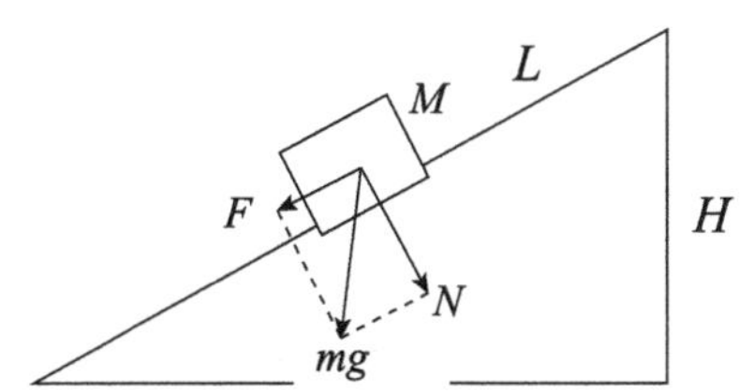

斜面上物体的受力分析

在上图所示斜面上，重物 M 受重力 mg 的作用，这个力可按上面提到的“平行四边形法则”分解为两个力：一个是垂直于斜面的正压力 N，另一个是平行于斜面的力 F。显然，力 F 要小于重力 mg，二者的比值恰好等于该斜面的高度 H 与斜面长度 L 的比。换句话说，如果利用斜面将重物 m 搬至 H 高处，要比直接提升重物至同样高度来得省力。因为图中力的三角形恰好与斜面三角形相似，故

有 $F/mg=H/L$。也就是说，斜面与平面的倾角越小，斜面较长，则省力，但费距离，机械效率低；斜面与平面的倾角越大，斜面较短，则费力，但省距离，机械效率高。

若忽略摩擦的影响，当斜面长度 L 是其高度 H 的 10 倍时，那么使重物沿斜面上升的推力就等于重力的 1/10 了。利用这样的斜坡，只需几个人就可以将 2.5 吨的石块搬到高处了。聪明的古代劳动人民正是这样用他们的智慧来创造建筑史上的奇迹。

知识加油站

螺旋

斜面还有一个“堂兄弟”叫螺旋。为什么说螺旋与斜面有密切的关系呢？原来，只要将斜面卷在一个圆柱体上，就构成了一个螺旋。螺旋转一圈上升的距离称为螺距，它等于两个螺纹之间的距离。根据斜面省力的原理，可知螺旋（例如千斤顶）也是一种省力的简单机械。转动一圈的距离除以螺距，就是螺旋的“利益”，也即力的放大倍数。螺旋的省力作用还表现在大型楼梯的设计中。著名的纽约自由女神像内部的梯子，就是根据螺旋原理来设计的。它是一个共有 168 级的陡峭螺旋形梯子，游客顺着它的台阶可以不大费力地登上女神前额上的阳台去观赏纽约港的美丽风光。

7.7　纤纤细丝的神力

如果有人告诉你，有一种像头发那样细的金属丝，能够吊起一辆小型汽车，你相信吗?

确实，像我们目前用的铜丝、铁丝和钢丝，是不能胜任的。例如：在常温下，断面面积是 1 平方毫米的铜丝，最多只能承担十多千克的重量；同样粗细的建筑用钢丝只能承担四五十千克；同样粗细的高强度钢丝，顶多也只能承担一百五六十千克，多了也要被拉断（常用抗拉强度来表达金属的这种力学性能）。

是不是金属的承担能力已经到顶了呢？不，不是这样。

根据 X 射线衍射等实验分析的结果，我们知道金属材料都是以结晶状态存在的，而每个晶体内部由整齐排列的原子所组成，它们手拉手地紧紧牵在一起。金属强度的来源，就是金属原子间的这种结合力。如果这些金属原子间的结合力得到充分发挥，金属的承担能力，即金属的抗拉强度就可以提高 100 ~ 1000 倍。

1000 倍！这是多么诱人的前景啊！

也许你会问，目前的金属丝为什么没有那么大的承担能力呢？这是因为现在炼制的金属内部存在着很多缺陷。比如晶体结构里面的原子，它们相互之间的位置存在着错动，这种现象称为位错，有了位错以后，金属的抗拉强度就降低了。

如果能够生产出内部没有缺陷的金属丝，那该有多好啊！ 1952 年，这个想法在实验室中被实现了。人们制造出一种只有头发丝 1/70 粗细的细丝，别看它那么细，却有着极大的承受能力。如果用这种铜丝来制成断面 1 平方毫米的铜丝，它能吊起约 2800 千克的重量，足足比普通铜丝的承担能力提高了 200 倍！当然，这种金属晶须强度高的原因，除去它们内部位错很少以外，还由于它们的尺度很小和表面完整程度很高的缘故。

现在，在实验室里已能制造出几十种金属晶须，人们正在所获得的成就上继续努力。我们相信，在不久的将来用头发丝细的金属丝可以轻松吊起一辆小汽车。

知识加油站

滑轮

周边有槽，可以绕轴心转动的圆轮叫作滑轮。滑轮分为定滑轮和动滑轮两种。

（1）定滑轮

本身只转动但并不随货物一起运动的滑轮叫作定滑轮。定滑轮的实质是一个等臂杠杆，支点为滑轮的轴，力臂就是滑轮的半径。定滑轮的特点是不能省力，但能改变力的方向，给工作带来方便。

（2）动滑轮

本身随着货物一起运动的滑轮叫作动滑轮。动滑轮实质是动臂为阻力臂2倍的省力杠杆。支点在精轮的边缘上，随着动滑轮位置的变化，支点位置也在变化（相对于地面而言）。动滑轮的特点是能省一半的力，但是要费距离。

7.8 “植物界钢铁”的秘密

在沙漠里生长着一种非常坚硬的植物，名叫梭梭树，据说它的树干用斧头也不易砍断。然而，科学家却并没有将“植物界的钢铁”这项桂冠授予它，而是颁发给了“岁寒三友”之一的竹子，这是什么道理呢？

“植物界的钢铁”——竹子

据近代力学家的测定，竹材的收缩量很小，而弹性和韧性却很高，顺纹抗拉强度为 1800 千克 / 厘米 ^{2}，相当于杉木的 2.5 倍；顺纹抗压强度也能达到 800 千克 / 厘米 ^{2}，约等于杉木的 1.5 倍。特别是浙江石门地区出产的刚竹，其顺纹抗拉强度竟然高达 2800 千克 / 厘米 ^{2} 以上，几乎等于同样直径的普通钢材的一半。一般竹材的密度只有（0.6 ~ 0.8）$\times 10^3$ 千克 / 米 ^{3}，而钢材的密度则为 7.8×10^3 千克 / 米 ^{3} 左右。因此，虽然钢材的抗拉强度为一般竹材的 2. 5 ~ 3 倍，但若接单位重量计算抗拉能力，则竹材单位重量的抗拉能力就比钢材强 2 ~ 3 倍，故誉之为“植物界的钢铁”并非夸张。

也许有人认为，“腹中空”是竹子的一种先天性缺陷。殊不知，这“腹中空”恰恰是竹子实现“适者生存”的一种力学美。强度科学的奠基人伽利略最早预言道：“人类的技术和大自然都在尽情地利用这种空心的固体。这种物体可以不增加重量而大大增加它的强度，这一点不难在鸟的肢干骨上和芦苇上看到，它们的密度很小，但是有极大的抗弯能力和抗断能力。”根据近代材料力学的弯曲理论，可以精确地推算出，空心杆的抗弯能力要比同样截面积的实心杆大得多；而且空心度（内、外径之比）越大，其抗弯能力也就增加得越快。例如，太湖流域大毛竹的空心度为 0.85，它的抗弯（风吹雨打）能力要比同样重量的实心杆大 2 倍多。这是因为，杆体受弯时，是其外缘部分的材料变形大，一侧受拉，另一侧受压，因而抗力也大，而中心部分几乎不变形，因此不受力或抗力很小。所以，要充分发挥材料的潜力，使之全部用在“刀刃”上，唯有空心圆断面为佳。由此可见，竹子岂不是很有“力学头脑”吗？！

机械设计师从中得到启示，研制成很有经济价值的空心传动轴。例如，一根空心度为 0.87 的传动轴，在不降低承载能力的条件下可以节约一半钢材。此外，由于竹子在反复弯曲变形下的疲劳寿命大大高于木材，所以一些科学家断言，完全可以将竹子用作轻型飞机的材料。最近的大量试验充分地证明了这一论断的正确性。

另外，竹子还有一种奇特的生长方式。出土前母笋的节数就已确定，出土后不再增加新节，而只是增加节与节之间的距离，一节比一节高，但一节比一节细，形成一种阶梯状的近似“等强度杆”。首先，下粗上细的形状，可以确保各段在受弯时抗力均匀。因为在风载作用下竹子的根部总是弯得最厉害，故要求断面最粗，而沿着竿的高度由下至上逐渐减少弯曲变形直至竹梢降为零，因而也就越长越细。显然，这是一种最为经济的材料分配方式。其次，竹节还可起“补强作用”。实验测定，有节整竹比无节竹段，其抗弯强度可提高 20%。所以，一般的大毛竹（节数为 70 左右），尽管高达 20 米，却仍能摆动自如，正所谓“千磨万击还坚劲，任尔东西南北风”。

知识加油站

密度（ρ）

（1）定义：单位体积某种物质的质量叫这种物质密度。

（2）密度的计算：

$$\rho = \frac{m}{V}$$

同种物质 ρ 不变，为恒量，与 m、V 无关，此时质量与体积成正比；不同物质，密度 ρ 一般不同，当 V 一定时，m 与 ρ 成正比，当 m 一定时，V 与 ρ 成反比。

（3）密度是物质的特征之一，同种物质密度一般不变，不同物质密度一般不同，密度还与状态有关。

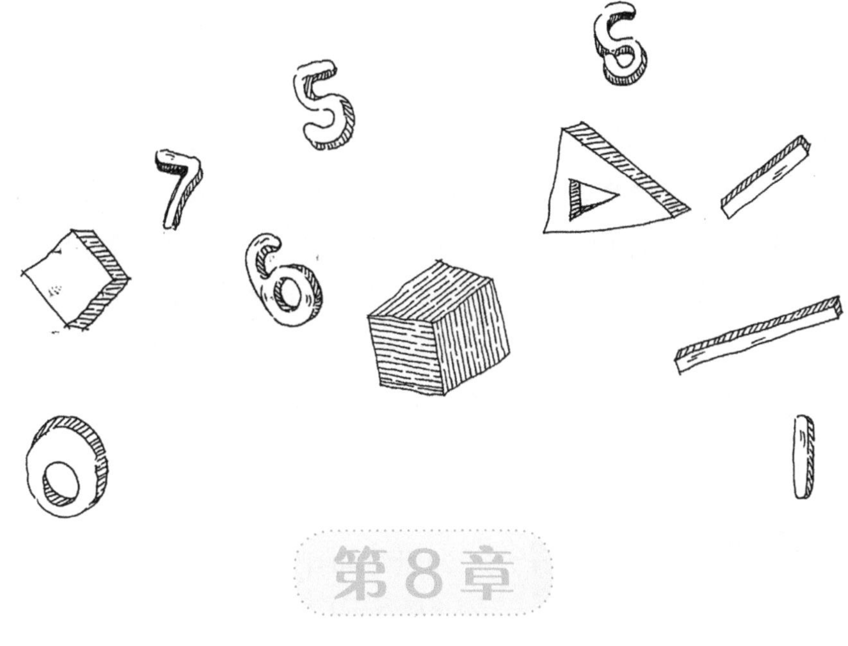

第8章

有趣的“小”发明

发明创造不论大小，都对社会有着积极的意义。科学发明能唤起整个社会的潜在活力，推动科技与社会的进步。科学之神总是垂青那些有准备有头脑的人，纵观世界发明史，许多发明往往又带有神秘的偶然性，偶然与必然的辩证关系在这里表现得那么淋漓尽致。也正因为如此，发明创造的一瞬又是多么有趣，多么富有传奇色彩呀。作为普通人的你难道没有幻想吗？放开你思想的翅膀吧，也许你的奇思妙想同样会开创一个崭新的世界。

8.1 微波武器研究的“副产品”

在一次巴黎日用品展览会上，一项与人们生活极为密切的表演吸引了成千上万的观众。只见表演者将装有食品的器皿放进一台电视机大小的箱子内，关上箱门按动开关后仅几分钟的时间，香味诱人的饭菜就做好了。这么神奇的东西不用我说你们也知道是什么了，它就是微波炉，是现在许多家庭烹饪的理想厨具。

微波炉

微波炉烧饭菜用的不是火而是微波，它是一种电磁波。电磁波按波长的长短分为长波、中波、短波和超短波，微波就是超短波。其实，发现这种微波能加热是偶然事件。

20 世纪 40 年代，美国雷声公司一位从事微波武器研究的人员波西•斯宾赛意外发现自己口袋里装的巧克力糖在实验中被微波烤化了。经过进一步地实验，他发现这种波能使含水的组织发热。这个实验使得斯宾赛突发奇想：微波既然有此特性，何不进一步开发出来，用于温热和烹饪食物？

后来，美国的雷声公司通过实验发现微波碰到金属就会发生反射，对于玻璃、陶瓷、塑料等绝缘体却能够畅通无阻地透过，并且不会消耗能量。微波透不过不含水分的淀粉、蔬菜、肉类，能量却能被它们所吸收。微波能够加热、烧熟食物的原理是，微波迫使含水食品中自由排列、杂乱无章的水分子按照微波电场方向，首尾一致地排队，且随电场变化而变化。因为微波的波长很短（12 厘米），频率高达 2450 兆赫，频率很高，加剧了含有水分的淀粉、蔬菜、肉类中分子以每秒几十亿次的频率正反高速运动而产生热量，把食物“煮”熟。就这样，美国雷声公司利用这个原理制成了世界上第一台微波炉，随后风靡欧美。

但人们逐渐发现微波炉辐射出的微波会伤人，结构仍待改进。后来，英国一家公司设计出更先进的微波炉，在密闭性、安全性等方面都优于以前的产品，被称为“烹饪之神”。

如今的微波炉经过不断地改进与发展，集方便、安全、科学于一体，在微波炉外有多个安全控制键，炉内有磁控管的真空管和搅拌器。真空管产生微波，微波射向搅拌器，再辗转把微波送到整个炉内空间。炉门上装有特制的金属网减弱微波辐射，并保证人们安全地察看食物。微波烹饪可真是人类发明用火熟食、做饭以来出现的全新的烹调技术！

知识加油站

导体和绝缘体

容易导电的物体叫作导体。不容易导电的物体叫作绝缘体。导体和绝缘体之间并没有明显的区分界限，当外在条件改变的时候，它们是可以相互转化的。正常情况下绝缘的物体如玻璃，当温度升高到一定的程度，由于可自由移动的电荷数量的增加，会转化成导体；正常情况下木棍是绝缘体，但在沾水的情况下就成导体了。所以说，导体和绝缘体之间并没有绝对的界限，在一定条件下可以互相转化。

电荷能从导体的一个地方移动到另外的地方，所以导体容易导电。在绝缘体中，电荷几乎都束缚在原子的范围之内，不能自由移动。

8.2 近视眼镜的发明故事

小樊对秦老师戴的那副圈圈套着圈圈的高度近视镜很感兴趣，有好几次想问问，总是没有机会，今天他看见秦老师正在擦他的眼镜，总算找到一个提问的机会了。“秦老师,你的眼镜好像与众不同,为什么有这么多的圈圈？”小樊问道。“眼镜是用来调整视力的，我的眼镜之所以特别，那是因为我的眼睛高度近视。让我给你讲讲有关眼镜发明的故事吧。”秦老师笑着说。

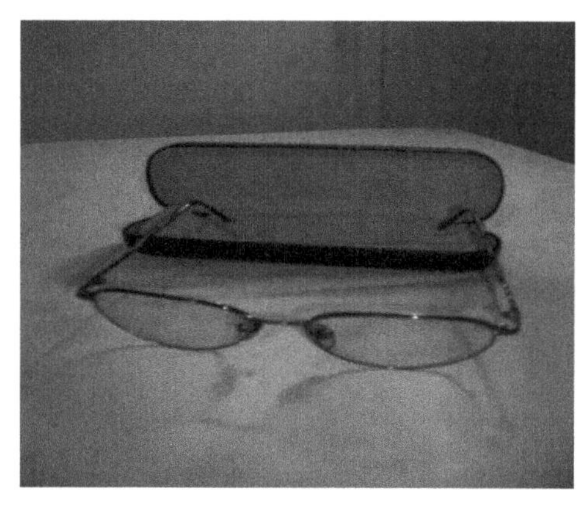

眼镜

5000年前埃及人已经会制造玻璃了，并且能用玻璃制造玻璃球和瓶子，他们发现圆玻璃球或灌进水的瓶子能把东西放大，聚集的太阳光点可以放出热来。不过，在那时他们还不能掌握生产眼镜的技术。差不多在11世纪的时候，有一名叫阿尔哈真的阿拉伯学者开始研究如何用玻璃制作放大镜，并取得一定的成果。1270年英国的罗佳•贝康对镜片的原理有了进一步的研究。总之，从事眼镜发明的人在13～14世纪时才逐渐多起来，究竟是谁第一个发明了眼镜，在历史上曾出现很大的争议。因为在某个时代，某位发明家完成一件有意义的发明创造时，几乎同时有很多的人在完成同样的研究工作。在发明眼镜的时代，还未建立专利制度，不像后来的电灯、电话、缝纫机等的发明，因为发明人获得专利权，就有据可查了。

人有两只眼睛，可是有趣的是，最初的眼镜却只有一片镜片。不是戴在眼上，而是放在桌子的一个特制的架子上，用时拿镜片放在眼上或借助架子使用。但是，人们很快就觉得，既然眼睛是两只，那么眼镜玻璃片也应当是两块。可是，两块玻璃需要两只手拿，眼睛是舒服了，却把双手束缚住了，于是有人就把两块镜片用铁架连在一起，架在鼻梁上。可是鼻子并不愿意承受这种额外的负担，常常使铁架同两块玻璃一同落地。于是，有人又想出办法，用细绳缚在头上。不久，有人就发现两只耳朵还可以利用，于是就把镜边加了两条腿。从此，眼镜就变成骑着鼻子、拉着耳朵、服服帖帖为眼睛服务的东西了。

还有一种传说，近视眼镜是 13 世纪中期的英国学者培根发明的。培根看到许多人因视力不好，不能看清书上的文字，就想发明一种工具来帮助人们提高视力。为此，他想了很多办法，做了不少试验，但都没有成功。一天雨后，培根来到花园散步，看到蜘蛛网上沾了不少雨珠，他发现透过雨珠看树叶，叶脉放大了不少，连树叶上细细的毛都能看得见。他看到这个现象，高兴极了。培根立即跑回家中，翻箱倒柜，找到了一颗玻璃球。但透过玻璃球，看书上的文字，还是模糊不清。他又找来一块金刚石与锤子，将玻璃割出一块，拿着这块玻璃片靠近书一看，文字果然放大了。试验成功了，培根欣喜若狂。后来他又找来一块木片，挖出一个圆洞，将玻璃球片装上去，再安上一根木柄，便于手拿，这样人们阅读写字就方便多了。这种眼镜后来经过不断改进，成了现在人们戴的近视眼镜。

知识加油站

近视眼与远视眼

晶状体和角膜共同作用相当于一个凸透镜，它把来自物体的光汇聚在视网膜上，视网膜相当于光屏来接受物体的像。人的眼睛是靠调节晶状体的平凸程度，改变焦距而获得清晰的像。

近视眼的产生是由于晶状体太厚，它的折光能力太强，或者眼球在前后方向上太长，而造成的。这样的眼睛应配戴凹透镜的眼镜。

远视眼的产生是由于晶状体太薄，它的折光能力太弱，或者眼球在前后方向上太短，而造成的。这样的眼睛应配戴凸透镜的眼镜。

8.3 为了不再吃煤油味的饭菜

在人们的想象中，会认为家用电炉理所当然应该是由电气学家发明的，而事实上它是由一位名叫休斯的美国新闻记者在一次家庭聚会中受启发而发明的。也许你不会想到，休斯的辉煌事业起因于他吃了一顿朋友家带有煤油味的饭菜，有时一项伟大的发明创造或许就起源于一件不起眼的小事。

休斯毕业于美国明尼苏达大学新闻系，开始在一家报馆任记者。由于他写文章披露一个大富翁的私生活丑闻，但这个大富翁是资助这家报馆的大财东之一，由此他惹了祸，负责人于是对他处处刁难。休斯毅然辞去了记者的工作，决心在电器业上搞出名堂。

1900 年前后，美国的电力工业正在崛起，电器业也随之开始崭露头角。虽然休斯想在电器上有所建树，但是由于休斯对电器知识了解甚少，所以他不知道该从何处下手。一次偶然的机会中，让他终于觅到了线索。

一个星期天，休斯应邀到一个朋友家做客，吃饭时觉得菜里有一股浓浓的煤油味，很难吃，但出于情面和礼貌，只好紧皱着眉头把菜强咽了下去。

应邀做客的人们，包括他的朋友及妻子也尝出了菜的味道不对头，都感到莫名其妙。后来才知道是由于用煤油炉烧菜时，不小心把煤油弄到了菜里。

休斯虽然在朋友面前表现得若无其事，但这件事却对他触动很大，启发了他的思路，产生了灵感。做饭是家庭主妇最基本的一项工作，如果她们能用一种用电的炉子，而不用煤油炉子，这样不是既省事，又能避免煤油炉的诸多缺点吗。

家用电炉

从此以后，休斯开始了对电炉的研究发明。起初的两年时间里，他没有休息过一天。他反复实验，经历了太多太多次失败的痛苦，也不乏被“电老虎”打过许多次，但随之而来的是成功的喜悦，1904 年，休斯的电炉终于研制成功了。由于电炉本身具有许多优点，再加上他的大力宣传、示范表演、信誉销售服务，电炉逐渐成了大众喜欢的灶具。后来，休斯又在芝加哥设立了“休斯电气公司”，继续推出了电锅、电壶等备受家庭主妇们欢迎的家用电器。

知识加油站

电流的热效应：电流通过导体时，将电能转化成内能，这种现象叫作电流的热效应。

电热的利用：电热器，电热器的主要部分是发热体，发热体由电阻率大、熔点高的合金制成。

8.4 饶有风趣的钢笔简史

钢笔最早被称为自来水笔，在发明自来水笔之前，欧美人都是用羽毛管做成的羽毛笔书写，这种羽毛笔一直被使用到 19 世纪。

在 19 世纪初，英国颁发了第一批关于贮水笔的专利证书，这标志着钢笔的正式诞生。但是，早期的贮水笔，墨水是不能自由流动的。

1884 年的一天，美国一家保险公司的雇员沃特曼•莱维斯和一位顾客洽谈生意，而先后到场的还有另外几家保险公司的代表。为了把这笔生意抢到手，沃特曼巧舌如簧，直说得口干舌燥，才勉强同那位顾客达成协议。

协议须以签字为凭，于是沃特曼递给那位顾客一支精美的羽毛笔和一瓶墨水，请他签字。那位顾客用羽毛笔蘸上墨水后，不慎有几滴墨水从笔尖上滴落，正好滴到合同上，把合同弄脏了。沃特曼急急忙忙地去取新的合同纸，这时另一家保险公司的雇员乘虚而入，将事先写好的合同书拿到那位顾客面前，等沃特曼返回时，签字的墨迹已经干了。

这件事使沃特曼受到很大刺激，他认为这次失败的原因是那个“不争气”的蘸水羽毛笔。生气之余，他下定决心要设计出一种能控制墨水流出、使用方便的自来水笔。

沃特曼先做了一个可存储墨水的储管，再用一根硬橡皮把笔尖和储管连接起来，并在笔尖和硬橡皮上加工出一条很细的连通管。平时这条很细的通道可让少量空气进入墨水储管，使管内外气压保持平衡，墨水不易流出来。使用时，笔尖在手的压迫下产生轻微震动，管中的墨水受到扰动后就慢慢地淌了出来。一支简陋的“自来水笔”就这样被发明出来了。

人们使用这种自来水笔后，发现它有一个很大的缺点——往储管里加墨水很麻烦，就像我们往眼里滴眼药水那样，用滴管一滴滴地挤压进去。后来，有人发现大气压力能把液体压入空气稀薄（低于大气压）的封闭容器中，并由此受到启发，用这种原理改造自来水笔的储管。这位不知名的发明者改用有弹性的橡皮囊替换了沃特曼设计的硬质墨水储管，使用时，只要用手指挤压一下皮囊，把里面的空气挤出去，皮囊内气压显著减小，这样大气压力就把墨水瓶内的墨水压进了皮囊。可别小看这橡皮囊，就是这个小小发明，大大促进了钢笔的实用化。

钢笔

知识加油站

气压计

测量大气压的仪器叫气压计。气压计有水银气压汁和无液气压计两种。

（1）水银气压计根据托里拆利实验制成，这是一种精密的气压计，常用在实验室中。水银气压计测量结果准确，但是携带不方便。

（2）无液气压计的内部有一个抽成真空的薄金属盒，靠弹簧支撑而不致被压扁。大气压强的变化会引起盒厚度的微小形变，然后通过杠杆放大后显示出来。无液气压计结构简单，使用方便，用它可直接读出大气压强的值，但测量结果不如水银气压计准确。

8.5 既能诊病又可避免尴尬的“宝物”

当你感冒、发烧到医院看病时，医生都会用听诊器听听你的胸口、背部，可是你知道它是怎样制成的吗?

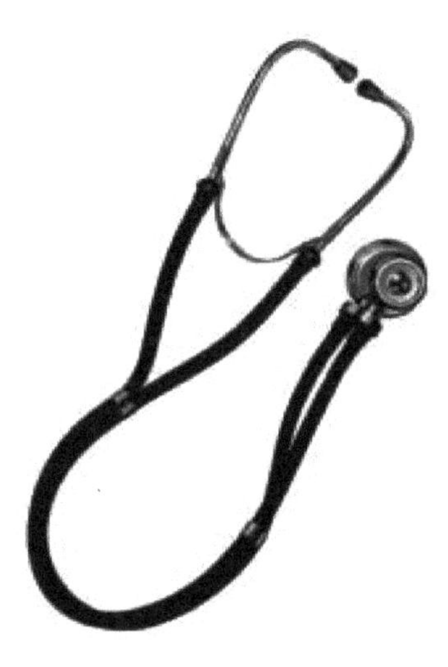

听诊器

听诊器的发明还要从雷奈克说起。雷奈克是法国一座小城里非常有名的医生，他有一家自己的诊所。雷奈克有着敏锐的头脑、丰富的经验，小城里的每条街上都可以找到曾经被他救治的病人，他也因此受到众人的赞扬和爱戴。

有一天在他的诊所发生了一件让他非常尴尬的事情。事情是这样的，有一位年轻的贵族小姐胆怯地进了他的诊所大门,坐在他的桌边。其实啊，雷奈克早就发现她在诊所外边徘徊了，猜想她可能是不好意思，雷奈克便等着她下决心。通过观察病人的样子，凭借经验，他觉得这位贵族小姐可能是心脏有毛病，但还需要进一步检查。等到别的病人都已经走了，雷奈克把临街窗帘拉上，又关上了诊所的门，然后对小姐和蔼地说：“小姐，请把衣服解开让我听下你的心脏。”在那个时候医生只能把耳朵放在病人的胸前才能听清病人心脏的真正情况，判断病人的病情。可是，那位小姐却是一动也不动。雷奈克不解地看着她，发现她脸颊涌上了一抹红晕，眼睛含着泪水，然后这位小姐突然冲出了诊所！这个举动让雷奈克尴尬地站了好久。

雷奈克对自己说，我一定要发明一种仪器帮助我解决这个困难，既能诊断病情，又可以避免尴尬。

这个尴尬的事情，在回家的路上还困扰着他，这个时候他突然听见女儿的笑声。原来是女儿和小伙伴在玩跷跷板。一个蹲在跷跷板的一端,把耳朵紧贴板面；还有一个站在另一端，用铁块在板上轻轻地敲着。雷奈克走到女儿的身边，发现他的女儿正在兴奋地数着“两声、三声……”，“爸爸，你看这块木料可以听见法兰西斯敲了几下木头。”雷奈克发现真的可以，他想着上午发生的事情，眼前的这个游戏给了他极大的启示。经过一番冥思苦想，他意识到微小的声音在木头里是直线传播的，而不是像在空气中那样四散传开，这样木料那边的敲击声才会清清楚楚地传进自己的耳中。那么按这种做法，是不是就可以制作出能传导心跳声音的仪器呢？如果可以，不就既能诊断病情，又可以避免尴尬了吗！

很快，雷奈克便设计出了“听诊器”。他带着仪器去那位小姐家里，给那位小姐看病，准确判断出那位小姐有先天性心脏病，然后他为那位小姐配置了合适的药物，并指导她如何保养自己的心脏。

后来，“听诊器”在后人的不断改进下，由木棍变成空心金属管，并逐渐成为了我们今天常见的听诊器。

知识加油站

雷奈克在医学上的贡献

雷奈克发表的《间接听诊法》在X射线发现之前的近100年里，是研究胸部疾病的基础。在对数百例结核病人进行精确临床观察和尸体解剖基础上，雷奈克认为结核结节是结核病的特征性病变。1804年发表的文章，全面革新了肺部疾病的观念，他所引入的描述身体表征的术语一直沿用至今。他被后人尊为“胸腔医学之父”，并因自己的才华和伟大贡献永载世界医学史册。

8.6 马铃薯为何没有煮熟

在我们各家各户的厨房里，大都有一只高压锅。高压锅已经成为现代烹调的一大重要厨具。使用高压锅，烹调时间变得短了，特别是不容易烧熟的肉类，在很短的时间内就变得软糯酥烂，入口即化。那么，你知道高压锅是谁发明的吗？

高压锅的发明是在1680年，那时正值法国国王亨利四世迫害新教徒。当时的法国医生兼物理学家和机械师丹尼•帕平为逃脱这种迫害，就跑到了德国。在异国他乡的那种艰苦环境中，帕平仍坚持研究液体的性质。

有一回他登上高山，所带干粮吃完了，不得不煮马铃薯吃。他让马铃薯在滚开的水中煮了很久，认为一定煮熟了。可是他吃的时候，发现马铃薯还是夹生的。这是怎么回事呢？

帕平抓住这一偶然现象不放，继续深入地钻研下去，终于发现了其中的秘密。原来大气压力和水的沸点之间存在着正比关系，气压高时，水的沸点也高。高山上大气稀薄，气压低，水的沸点降低，虽然水开了，但温度不足，所以马铃薯没有煮熟。

帕平进而想到：增大气压能使水的沸点升高，煮熟食物的时间一定缩短。能否采用人工增压方法，促使食物早熟？想到这里，他决定试试看。他亲自动手用金属制成一个密封容器，内装一些水，外面不断加热，容器内压力不断升高。沸点果然升高了，里面的水温超过100℃才沸腾。后来，他又对这个密封容器加以改造，制成了世界上第一只高压锅。那时的人们管它叫“帕平锅”或“消化锅”。

高压锅传到英国后，英国的贵族们举行过一次名为“加压大餐”的宴会，宴会上的食物全部用高压锅制成。这件事引起了查尔斯二世国王的浓厚兴趣，让帕平亲自为他制作一高压锅。这时的帕平倒有些发怵，因为他的高压锅缺少安全设施，弄不好就成了“炸弹”。为了防爆，帕平除了加厚锅体、锅盖外，还特地在外围装置了一个金属网罩。

高压锅

1927 年法国工程师奥蒂埃对帕平等人的研究成果进行了改进，研制出可控高压锅。实际上我们现在使用的都是类似于这种形式的高压锅。只要你稍加注意就会发现，现行的高压锅的安全装置很简单——锅盖中心有一出气孔，孔上放置一实心重锤。当你称出重锤的重量，测出出气孔的直径后，就不难算出这个高压锅的使用压力了（一个大气压相当于 1 平方厘米面积上承受 10.136 牛的压力）。

1953 年，费雷德里克·莱斯居尔三兄弟对国内外 40 多种高压锅进行研究后，研制出新型超高压锅。这种高压锅即使当限压阀气孔发生堵塞时也不会发生爆炸和任何危险。

知识加油站

压强

（1）概念

物体在单位面积上受到的压力叫压强，压强 = 压力 / 受力面积，用字母表示即，

$$p=\frac{F}{S}$$

单位是 N/m^2，帕斯卡，帕（Pa）。

（2）压强的意义

在压强的定义式中，面积 S 指的是受力面积，或者说是接触面积，意思是物体相互接触并相互挤压的那部分。压强是表示压力作用效果的物理量，所以压强的大小，不仅与压力大小有关，而且与受力面积的大小有关。当受力面积 S 一定时，压强与压力成正比；当压力 F 一定时，压强与受力面积成反比。

（3）增大和减小压强的方法

增大压强的方法有两个：一是增大压力，二是减小受力面积。例如，剪子、斧头、钉子、针、刀等都做成一头为尖的，其目的就是通过减小受力面积从而增大压强。减小压强的方法也有两个：一是减小压力，二是增大受力面积。例如：坦克、拖拉机宽宽的履带，铁路钢轨铺在路基上等等都是增大受力面积从而减小压强的实例。

8.7　怪模怪样的测温试管

感冒发烧是最常见的疾病，身体不舒服，用手一摸头，觉得有些烫，便可断定是发烧，但究竟烧到什么程度，说不清楚。医生若听说病人是发烧，不由分说就会拿出一支表，让患者放在舌下或夹在腋下，过一会取出来一看，就可知道患者的体温。这个能测出人体温度是否正常的小小仪表叫体温表，它是意大利科学家伽利略发明的。

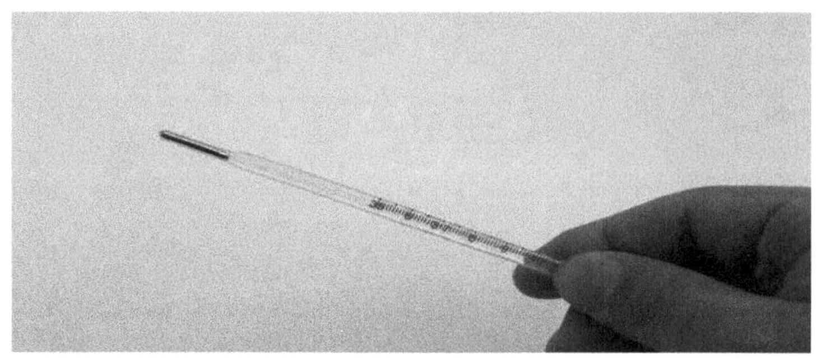

体温表

那是一个有趣的故事，不过是300年以前的事了。

当时,伽利略在威尼斯的一所大学里任教,已是个闻名遐迩的科学家了。一天，几个医生慕名而来，求他解决一道难题：“伽利略先生，人感冒时一般体温都会升高，但究竟有多高，说不清楚。假如能想个办法测出体温，这样诊断病情就方便多了”。伽利略一时没有办法，不过，他把这个问题默默记住了，也想解决它。他反复思考，留心观察，并动手做了一些实验，但是一无所获。

有一次，伽利略给学生上实验课。他一边操作，一边讲授，课讲得生动有趣，学生全都听入了迷。他向学生提问：“请问，当水的温度升高，尤其是沸腾的时候，为什么它会在容器里面上升？”学生回答：“这是因为水温升高，体积增大，于是，就膨胀上升。”“开水冷却后，会发生什么变化呢？”“体积缩小，会重新降下来。”

学生的回答非常正确，伽利略表示满意，高兴地点点头。就在这时，学生的回答像一股潮水，冲开了他智慧的闸门，使他的思绪霎时活跃起来：既然水的温度发生变化，体积会随之变化，那么反过来，从水的体积变化，不就可以测出其温度的变化吗？

下课后，伽利略迫不及待地进了实验室，想尽快证实自己的推想。根据热胀冷缩的原理，他认真地做起实验来。事情往往是想起来很有道理，但做起来就不那么容易。他反复实验多次，可成功与他无缘，实验都失败了。有一天，外面很冷，他用手握住试管的底部，想使管内的空气逐渐温热。试管温热后，他将试管倒过来插入水中，并松开握住试管的手。这时，他发现水在试管内慢慢地升上去了一截。他又握住试管，管内的水便被压下去。

由管内水的上升与下降，可以看出管内温度的变化。伽利略以这个实验装置为基础，不断进行改进，最后将一个极细的试管灌进水，并排出里面的空气，然后密封住，还在试管上刻了刻度。伽利略把这个怪模怪样的东西给医生用，病人握住试管，医生便可以由水上升的刻度而知道病人的体温了。

这个怪模怪样的试管，就是世界上第一支体温表。

知识加油站

温度计

温度计上的℃表示采用的是摄氏温度，它规定：把冰水混合物的温度规定为摄氏零度，把 1 个标准大气压下沸水的温度规定为 100 摄氏度。使用温度计前，应先观察它的量程，分清它的分度值。

医用温度计也叫作体温计，内装液体是水银，比普通温度计多一个缩口，使温度计离开人体后仍能表示人体的温度，所以用体温计前要把升上去的液体用力甩回到玻璃泡里再测人体温度。体温计的测量范围是 35～42℃，分度值是 0.1℃。

8.8 人类征服蓝天的起点

从古至今，人们一直有着飞上蓝天的梦想，风筝、热气球、飞机、火箭……人类征服蓝天的历史就是在众多的猜想与实践中完成的。下面讲的是“热气球”的故事。

热气球

早在2000多年前的楚汉时期，我国人民就发明了风筝，这是世界上目前公认最早的重于空气的飞行器。随后，在汉武帝时代，根据淮南王刘安的门客们编写的《淮南万毕术》中记有“艾火令鸡子飞”，这是一种什么样的飞行器，我们至今仍不得而知。直到三国时代，我们耳熟能详的“孔明灯”诞生了。相传蜀国军师诸葛亮观察到，生火会产生烟，并且伴随着热气的上升，那么这种热气是不是也能推动某种东西一起上升呢？这样不就可以传递信号了。聪明的诸葛亮由此设计出薄绵纸制成的灯笼，而且在灯笼里面装入浸油的棉球，点燃棉球，随着棉球的燃烧，灯笼内的空气受热膨胀变轻，灯笼便飞腾起来。这是世界上最早的、最原始的热气球，也是现代热气球的鼻祖。

由于一代代中国技术工人的努力，中国科技的发展在宋元时期已经骄傲地领先于世界，当时有许多阿拉伯人和西欧传教士来到中国，他们中好学的人就立刻把一些神奇的发明带回了西方，其中就包括“孔明灯”。1783年在孔明灯的灵感激发之下，蒙哥尔费兄弟做出了一个热气球。为了确保安全，他们首先将一只鸭子、一只公鸡和一只绵羊用热气球送上了天空，这只热气球在空中停留了10分钟后安全着陆。这次的实验让他们信心倍增，为了确保下次载人飞行绝对安全，他们又将这只热气球做了一些改进。没过多久，蒙哥尔费兄弟请德•罗齐埃和德•

达尔朗德伯爵乘坐他们制作的热气球，在巴黎市区试飞。这次飞行历时 25 分钟，飞行距离 11 千米，当时的盛况吸引了包括法国国王、王后在内的近 40 万观众。这是人类第一次通过载人热气球自由飞行，人类由此开始了升空飞行的历史。

知识加油站

计算浮力的方法

（1）利用浮力产生的原因

$F_{浮}=F_{向上}-F_{向下}$，适用于浸入深度已知的形状规则的正方体或长方体物体。

（2）根据阿基米德原理

$F_{浮}=\rho_{液}gV_{排}$，普遍适用于计算任何形状物体受到的浮力。

（3）示数差法

也就是利用弹簧秤测浮力的方法。$F_{浮}=G_{物}-G'$，其中 $G_{物}$是用弹簧秤在空气中测得物体的重力示数；G' 代表物体浸入液体中时弹簧秤的示数，它的大小等于弹簧对物体的拉力。

（4）平衡法

即物体悬浮或漂浮时，物体处于平衡状态，$F_{浮}=G_{物}$。适用于物体悬浮或漂浮的情况。

注意悬浮与漂浮的不同点：悬浮时是浸没在液体中 $V_{浮}=V_{物}$，漂浮时 $V_{浮}<V_{物}$，这时一定要找到 $V_{浮}$与 $V_{物}$的关系。

参考文献

[1] 物理八年级上册（人教版）. 北京：人民教育出版社，2012.

[2] 物理八年级下册（人教版）. 北京：人民教育出版社，2012.

[3] 物理九年级全一册（人教版）. 北京：人民教育出版社，2012.

[4] 物理学科编写组 . 初中物理教材基础知识全解 . 北京：龙门书局，2018.

[5] 刘强 . 初中物理必考知识全解（2019 版）. 北京：北京教育出版社，2018.

[6] 69 所名校教研室 . 初中物理知识清单 . 北京：天地出版社，2015.

[7] 牛胜玉 . 新版初中物理知识大全 . 西安：陕西师范大学出版社，2019.

[8] 黄伯云 . 材料大辞典（第二版）. 北京：化学工业出版社，2016.